计算机录入技术

主　编　李志欣　卢新贞
副主编　代云鹏　王海英　张　娜
参　编　王世卿　陈建峰　刘丽娜　翟海彪
　　　　车宝强　党　轻　王　伟　王　玲

北京理工大学出版社
BEIJING INSTITUTE OF TECHNOLOGY PRESS

内 容 提 要

本书依据教育部《中等职业学校计算机应用专业教学标准》中"计算机录入技术"课程的"主要教学内容和要求"，并参照相关的国家职业技能标准编写而成。本书主要包括以下内容：计算机标准键盘，计算机文字录入键盘指法，五笔字型汉字输入法，拼音输入法，综合录入训练，中文速录 – 亚伟速录。

本书既可作为中等职业院校计算机应用专业的教材，也可作为其他相关专业的参考用书。

版权专有　侵权必究

图书在版编目（CIP）数据

计算机录入技术 / 李志欣，卢新贞主编. -- 北京：北京理工大学出版社，2018.9（2024.6重印）
ISBN 978 – 7 – 5682 – 5527 – 1

Ⅰ．①计… Ⅱ．①李… ②卢… Ⅲ．①文字处理
Ⅳ．① TP391.1

中国版本图书馆 CIP 数据核字（2018）第 079230 号

责任编辑：张荣君　　文案编辑：张荣君
责任校对：周瑞红　　责任印制：边心超

出版发行 /	北京理工大学出版社有限责任公司
社　　址 /	北京市丰台区四合庄路 6 号
邮　　编 /	100070
电　　话 /	（010）68914026（教材售后服务热线）
	（010）68944437（课件资源服务热线）
网　　址 /	http://www.bitpress.com.cn
版 印 次 /	2024 年 6 月第 1 版第 10 次印刷
印　　刷 /	定州启航印刷有限公司
开　　本 /	787 mm × 1092 mm　1/16
印　　张 /	7
字　　数 /	164 千字
定　　价 /	22.00 元

图书出现印装质量问题，请拨打售后服务热线，负责调换

前 言

未来五年是全面建设社会主义现代化国家开局起步的关键时期。要加快建设网络强国、数字中国，构建新一代信息技术、人工智能、高端装备、绿色环保等一批新的增长引擎。统筹职业教育，推进职普融通、产教融合、科教融汇，优化职业教育类型定位，加强基础学科、新兴学科、交叉学科建设。

本书依据教育部《中等职业学校计算机应用专业教学标准》中"计算机录入技术"课程的"主要教学内容和要求"，并参照相关的国家职业技能标准编写而成。

本书特色：

（1）以让学生掌握必备的中英文录入方法与技巧，以及提高录入速度为主要目标。为学生着重介绍汉字输入法中的五笔字形输入法和搜狗拼音输入法。

（2）本书从培养学生扎实的基础和提高学生的操作能力两个方面入手组织内容，能满足不同层次人员的需要。

（3）练习针对性强，完成每个教学内容后都有对应于检测的练习题，让学生及时检测知识的掌握情况，巩固学习成果，熟练掌握中文录入技术。

（4）本书内容通俗易懂，突出实用性和指导性，适应培养高素质劳动者需要，力求降低知识点的难度，具有概念清晰、系统全面、精讲多练、使用性强和突出技能培训等特点。

　　本书在编写过程中，力求精益求精，为学生呈现丰富、实用的内容。编写团队不遗余力精心撰写，同时参考了大量文献资料，在此向文献资料的作者致以诚挚的谢意；为了进行文字录入练习，本书使用了部分摘自书籍、报刊等的文章，在此向相关文章作者表示衷心的感谢。

　　由于编写时间及编者水平有限，书中难免存在不足之处，恳请广大读者批评指正。

编　者

CONTENTS

1 计算机标准键盘 1
- 1.1 主键盘区 2
- 1.2 功能键区 4
- 1.3 控制键区 5
- 1.4 数字键区 5
- 1.5 状态指示区 6

2 计算机文字录入键盘指法 9
- 2.1 正确的打字姿势 10
- 2.2 正确的指法要领 11
- 2.3 盲打技巧及特殊键录入 13
- 2.4 金山打字通 15

3 五笔字形汉字输入法 21
- 3.1 常见的五笔输入法 22
- 3.2 五笔字形字根 23
- 3.3 汉字的拆分和录入 33
- 3.4 末笔字形交叉识别码 39
- 3.5 键面汉字的录入 42
- 3.6 键外汉字的输入 47
- 3.7 简码的录入 51
- 3.8 词组的输入 54
- 3.9 重码、容错码和学习码 58

4 拼音输入法 61
- 4.1 拼音输入法介绍与安装 62

	4.2	搜狗输入法设置	63
	4.3	搜狗拼音输入法使用	69

5 综合录入训练 77

	5.1	英文录入实训	79
	5.2	中文录入实训	83
	5.3	听打练习	93

6 其他常用输入方法简介 97

	6.1	中文速录	98
	6.2	手写输入方法	99
	6.3	语音录入文字	101

参考文献 103

1 计算机标准键盘

- ■ 主键盘区
- ■ 功能键区
- ■ 控制键区
- ■ 数字键区
- ■ 状态指示区

> **学习目标:**
> - 知识目标: 1. 熟悉键盘,了解计算机标准键盘的分区。
>   2. 掌握键盘中常用按键的功能。
> - 能力目标: 1. 能够熟悉计算机键盘分区。
>   2. 能够运用键盘中常用按键的功能。
> - 素养目标: 1. 具有创新精神和合作意识。
>   2. 具备发现问题、分析问题、解决问题的能力。

键盘是最常用也是最主要的输入设备,通过键盘,可以将英文字母、数字、标点符号等输入到计算机中,从而向计算机发出命令、输入数据等。键盘,由一组按阵列方式装配在一起的按键开关组成,每按下一个键就相当于接通了相应的开关电路,把该键的代码通过接口电路送入计算机。还有一些带有各种快捷键的键盘,但起初这类键盘多用于品牌机,并曾一度被视为品牌机的特色。随着时间的推移,渐渐的市场上也出现独立的具有各种快捷功能的产品单独出售,并带有专用的驱动和设定软件,在兼容机上也能实现个性化的操作。

根据击键数、按键工作原理、键盘外形等分类,可将键盘分为触点式、无触点式和激光式(镭射激光键盘)三大类;按照应用可以分为台式机键盘、笔记本电脑键盘、工控机键盘、速录机键盘、双控键盘、超薄键盘、手机键盘七大类;按外形可分为标准键盘和人体工程学键盘等。

键盘由一系列键位组成,每个键位上都有标记,代表这个键位的名称,最早的键盘只有84键,如今键盘的种类越来越多。根据键位总数进行划分,可分为101键盘、103键盘、104键盘和107键盘。

下面以104键盘为例介绍键盘各个区域,键盘包括主键盘区、功能键区、控制键区、数字键区和状态指示区,如图1-1所示。

图1-1 104键盘区分布图

1.1 主键盘区

键盘中最常用的是主键盘区,各键盘上标有英文字母、数字和标点符号等,该区是操作计算机时使用频率最高的键盘区域，该区分为字母键、数字键、符号键和功能键，如图 1-2 所示。

图 1-2　主键盘区

1. 字母键

A~Z 共 26 个字母键。在字母键的键面上标有大写字母 A~Z，每个键可输入大小写两种字母（通常情况下，单按此键是输入小写字母）。

2. 数字（符号）键

数字（符号）键包括数字、运算符、标点符号和其他符号，每个键面都有上下两种符号，也称双字符键。上面一行称为上档符号，下面一行称为下档符号（通常情况下，单按此键是输入下档符号），如图 1-3 所示。

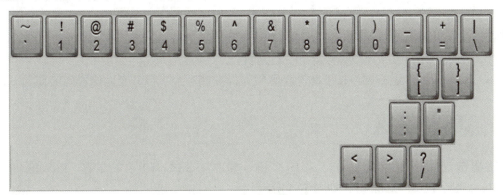

图 1-3　数字和符号键

3. 功能键

功能键共有 14 个，在这 14 个键中，Shift、Ctrl、Windows、Alt 键各有两个，在左右两边对称分布，功能完全一样，只是为了用户操作方便，如图 1-4 所示。

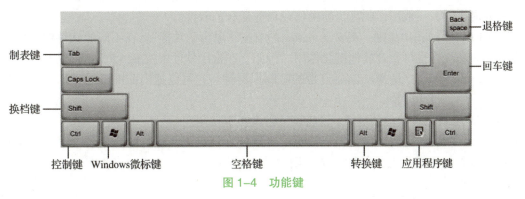

图 1-4　功能键

（1）Caps Lock：大写字母锁定键，位于主键盘区最左边的第三排，用于大、小写字母的转换。通常系统默认输入小写字母，敲击此键后，键盘右上方"Caps Lock"指示灯亮，表示此时默认状态为输入大写字母，再次敲击此键，"Caps Lock"指示灯灭，表示此时状态为输入小写字母。

（2）F1～F12：功能键。英文 Function，中文为"功能"的意思。在不同的软件中，起为其定义的相应功能的作用，也可以配合其他的键起作用。例如在常用软件中按一下 F1 是帮助功能。

（3）PrtSc SysRq：是 Windows 自带的截图抓屏键。它可以把当前屏幕的显示内容保存在剪贴板里，用于打印屏幕。

（4）Scroll Lock：滚动锁屏键，Scroll Lock 键最早出现在 IBM 的 PC/XT 机型的 83 键盘和 AT 接口的 84 键盘上。。

（5）Pause Break：中断暂停键，这个键最早出现在 IBM 的 PC/XT 机型的 83 键盘和 AT 接口的 84 键盘上，现在 PC 机的 101 键盘上、苹果机 Pause Break 的"增强"型键盘上也有该键。功能：可中止某些程序的执行，比如 Bios 和 DOS 程序，在没进入操作系统之前的 DOS 界面显示自检内容的时候按下此键，会暂停信息翻滚，以便查看屏幕内容，之后按任意键可以继续。

（6）空格键：整个键盘上最长的一个键。敲击此键，将输入一个空白字符，光标向右移动一格。

（7）Enter 键：大部分键盘的这个键比较大（因用得比较多，故制作大些便于击中）。在文字处理中，此键具有换行功能，当本段的内容输完，按 Enter 键，在当前光标处插入一个回车符，光标带着后面部分一起移至下一行之首。

（8）Backspace：退格键。按下此键将删除光标左侧一个字符，光标位置向前移动一格。

1.2 功能键区

功能键区位于键盘最上方，共 16 个键，包括 Esc 键、F1～F12 键、PrtSc SysRq 键、Scroll Lock 键、Pause Break 键，如图 1-5 所示。

图 1-5 功能键区

（1）Esc：取消键，位于键盘左上角。Esc 是英文 Escape（取消）的缩写，在许多软件中被定义为退出键，一般用作脱离当前操作或当前运行的软件。

（2）F1～F12：功能键，英文 Function，中文意思为"功能"。在不同的软件中，可以为其定义相应功能，也可配合其他键起作用。例如，在常用软件中按 F1 键是帮助功能。

（3）PrtSc SysRq：是 Windows 自带的截图抓屏键。它可以把当前屏幕的显示内容保存在剪贴板里，用于打印屏幕。

（4）Scroll Lock：滚动锁屏键，目前该键已经很少使用。

（5）Pause Break：暂停键，按下该键，可以使计算机正在执行的命令或应用程序暂时停止工作，直到按下键盘上的任意一个键则继续。另外，按 Ctrl+Break 组合键，可中断命令的执行或程序的运行。

1.3 控制键区

控制键区共有 10 个键，位于主键盘区与数字键区之间。在文字编辑中有着特殊的控制功能，如图 1-6 所示。

图 1-6 控制键区

（1）Insert：插入键，按下这个键可以改变插入与改写的状态。
（2）Delete：删除键，删除光标所在位置上的字符。
（3）Home：按下这个键可以使光标快速移动到本行的开始。
（4）End：按下这个键可以使光标快速移动到本行的末尾。
（5）Page Up：向上翻页键，按下这个键可以使屏幕向前翻一页。
（6）Page Down：向下翻页键，按下这个键可以使屏幕向后翻一页。
（7）方向键：按下这四个键，可以使光标在屏幕内上、下、左、右移动。

1.4 数字键区

数字键区位于键盘的右侧，又称为"小键盘区"，共 17 个键，主要是为了方便输入数字而设置的，同时也有编辑和控制光标位置的功能，如图 1-7 所示。

图 1-7 数字键区

（1）Num Lock：数字锁定键，位于小键盘区的左上角，相当于上档键。当按下 Num Lock 键，提示灯亮，表示数字键区的上档位字符数字输入有效，可以直接输入数字；再按 Num Lock 键，指示灯灭，其下档位编辑键有效，用于控制光标的移动。

（2）Ins：插入键，它是一个双字符键，上档键是数字 0，下档键是插入键，功能与控制键区的插入键相同。

（3）运算符号键：包括加（+）、减（−）、乘（*）、除（/）四个运算符。

（4）Enter：也叫小回车键，与主键盘区的 Enter 键功能相同。

1.5 状态指示区

状态指示区位于键盘右上方，即数字键区的上面。状态指示区共有 3 个指示灯，如图 1-8 所示。根据指示灯的亮灭分别指示 Num Lock 键的数字或编辑输入状态、Caps Lock 键（大小写字母锁定键）的大小写输入状态和 Scroll Lock 键的锁定与非锁定状态。

图 1-8　状态指示区

【活动】

（1）简述键盘的五个区域。

（2）英文中的 26 个字母分别位于键盘的什么位置？

（3）如何输入某一按键的上、下两个符号？

知识链接

QWERTY键位由来

1860 年，打字机之父 Christopher Latham Sholes（克里斯托夫·拉森·肖尔斯）（图 1-9）开始研发现代英文打字机，最初设计的打字机键位按 ABCDE 方式排列（图 1-10）。但是实际使用过程中，Christopher 发现只要录入的速度稍微加快，打字机就会因连杆之间互相干涉撞击而无法进行正常工作。于是推翻全部已经成型的打字机方案，重新对其内部结构进行设计，来解决按键干涉问题，还是另辟蹊径以避免按键干涉现象的发生呢？Christopher 选择了后者。通过对英文词组排列方式进行研究，Christopher 将 26 个英文字母排序打乱后重新排列于键盘之上，尽管这会让用户的输入效率明显降低，但可以保证用户能够在打字机不会出现干涉卡死的情况下，拥有较高的输入效率。1868 年 6 月 23 日，美国专利局授予 Christopher 及其合作伙伴的打字机发明专利，这就是流传至今的 QWERTY 键位。

图 1-9 克里斯托夫·拉森·肖尔斯

图 1-10 最初打字机

知识拓展

未来键盘

未来的键盘是什么样的呢？在未来相当长的一段时间内，文字处理、图形处理、表格处理、游戏应用依然是电脑应用重点，未来键盘应该能够同时兼容这些应用，打字姿势应该更轻松，分体式结构更符合人体工程学，能够让键盘操作更轻松，未来的键盘应该是分体式设计、个性化设计。

（1）Microsoft Sculpt 人体工程学键盘。Sculpt 键盘（图 1-11），不仅"挥刀自宫"将键盘主键区一分为二，而且增加了新的卖点——双空格键的设计，双空格的原理十分简单，当同时按下两个空格后，左边的部分就会切换到退格键的功能，那么为什么要选择左边的空格作为退格键？来自微软的调研结果显示，接近 90% 的人都是使用右手的拇指来敲空格键。所以相信每个打字的人用得最多的就是空格和退格键，而退格键由于离打字区较远，每次使用都要用转动手腕，这样长此以往对手腕也会形成一定的负担。微软意识到这个问题便设计出这种非常人性化的功能。

（2）Matias 发布 Ergo Pro 分体式键盘（图 1-12），将键盘彻底的一分为二，成为两个独立的小键盘。

图 1-11 Sculpt 键盘

图 1-12 Ergo Pro 分体式键盘

（3）KeyMouse（图1-13）是专为用户在使用计算机时提高效率而设计的。其应用范围包括游戏、编程、CAD制图、订单录入、股票交易、网页浏览、文档编辑、图形设计以及其他更多的领域。这款颇具科幻色彩的键盘将鼠标键盘集成为一体是其最大的特色。

（4）2015年我国出品的大拇指键盘（ThumbKeyboard）。ThumbKeyboard键盘（图1-14）同样是左右手键盘完全独立，按键采用了全尺寸设计，主要变化是将"空格键"变化为多个大拇指按键，在集成的腕托上也增加了按键。按键位置可移动，编辑键可盲打是创新亮点，用户可以自己定义键盘；键盘内部集成了游戏宏的特点，而传统游戏键盘设计多采用PC机端执行宏功能；集成鼠标功能也是其独特之处。

图1-13　KeyMouse键盘　　　　　　图1-14　ThumbKeyboard键盘

计算机文字录入键盘指法

- ■ 正确的打字姿势
- ■ 正确的指法要领
- ■ 盲打技巧及特殊键录入
- ■ 金山打字通

> **学习目标**:
> ➡ 知识目标: 1. 了解正确的打字姿势。
> 　　　　　　2. 掌握录入的指法要领。
> ➡ 能力目标: 1. 能够熟练掌握文字输入法和文字录入技巧。
> 　　　　　　2. 能熟练使用"金山打字通"软件。
> ➡ 素养目标: 1. 具有持之以恒的精神。
> 　　　　　　2. 具有严谨、细致的工匠精神。

正确的"指法"是每个计算机文字录入员的必修课,它的开始和养成可以为学习者奠定坚实的基础,甚至可以"让学习者享用一辈子"。

计算机文字录入是以计算机键盘为工具,通过手的条件反射,熟练地在计算机键盘上敲击键所进行的一种技术性工作。

键盘录入应充分发挥每个手指的作用,完成从视觉(或者听觉)到触觉的转换过程,它的要点不在于理解,而在于熟练应用。

2.1　正确的打字姿势

击键姿势正确与否将直接影响操作者的身体健康、击键的速度及质量。掌握正确的打字姿势,对打字的速度和效率都会有很大的帮助;反之,就会出现近视、驼背、打字速度降低、效率低、手脚容易发麻等现象。

1. 打字环境

(1)保持屏幕的亮度、对比度适中。
(2)与周边光线反差不要太大。
(3)桌面整洁、有序。

2. 正确的打字姿势

正确的打字姿势如图 2-1 所示,具体要求如下。

正确打字姿势

图 2-1　正确的打字姿势

（1）身体保持端正，稍偏于键盘右方，腰挺直略微向前倾，两膝平放，双脚着地。

（2）眼睛平视屏幕，保持 20~30 cm 的距离，每隔 10 min 将视线从屏幕上移开一次。

（3）选择高低适中的座椅，应将全身置于椅子上，肩部要放松，上臂自然下垂，两肘轻轻贴于腋边，手腕平直，手腕和手指不要压在键盘上。

（4）手腕凌空，不要碰到键盘和桌子，手指凌空在基本键位上。

（5）输入文字时，打字教材或文稿放在键盘左侧。文稿处要有充足的光线，否则容易眼睛疲劳，造成视力下降。

【活动】

按下列内容总结正确的录入方式。

（1）环境。

（2）坐姿。

（3）手指的位置。

（4）眼睛注视的内容。

2.2 正确的指法要领

1. 手指分工

打字时双手的十个手指都有明确分工，只有按照正确的手指分工打字，才能实现盲打，提高打字速度。将键位合理地分配给双手各手指，每个手指负责按固定的几个键位，即手指分工，如图 2-2 所示。

图 2-2 手指分工

正确打字指法

（1）左手：食指负责"4、5、R、T、F、G、V、B" 8 个键；中指负责"3、E、D、C" 4 个键；无名指负责"2、W、S、X" 4 个键；小指负责"1、Q、A、Z" 4 个键和"`、Tab、Caps Lock、Shift、Ctrl"等键。

（2）右手：食指负责"6、7、Y、U、H、J、N、M" 8 个键；中指负责"8、I、K、," 4 个键；无名指负责"9、O、L、." 4 个键；小指负责"0、P、;、/" 4 个键以及"-、=、\、[、]、Enter、'、Shift"等键。

两个大拇指专门负责空格键，当左手打完字符需按空格键时，用右手大拇指按空格键；反之，当右手打完字符需按空格键时，则用左手大拇指按空格键。

可以看到，小指负责的键比较多，Shift、Alt、Ctrl等常用的控制键分别由左、右手的小指负责，这些键在很多情况下需要按住不放，同时另一只手再按其他键。

2. 基准键及其手指的对应关系

基准键及其手指的对应关系如图 2-3 所示，其中主键盘区有 8 个基准键，分别是［A］［S］［D］［F］［J］［K］［L］［；］。

图 2-3　基准键位和手指分工

［F］键和［J］键上都有一个凸起的小横杠或者小圆点，如图 2-3 所示，盲打时可以通过它们找到基准键位。打字之前要将左手的食指、中指、无名指、小指分别放在［F］［D］［S］［A］键上，将右手的食指、中指、无名指、小指分别放在［J］［K］［L］［；］键上，双手的大拇指都放在空格键上。

在打字时，各个手指按键后都应立即回到基准键上。基准键的练习不必规定次序，只要练会动作和感觉。一开始不必求速度，只要求找感觉。

3. 正确的击键指法

（1）录入前将手指稍弯曲按规定轻轻地放在基准键位（F 键、J 键），左右手的大拇指轻放在空格键上。

（2）手指要保持弯曲，稍微拱直，手腕平直，手臂要保持静止，全部动作仅限于手指部分，以触觉和感觉熟悉每个键位，眼睛要看着稿件，上身其他部位不得接触工作台或键盘。

（3）输入时手抬起，需要按键时手指才能伸出去按键，按键完毕后立即收回到基准键位，不能用力按住某键不放。

（4）需要换行时，抬起右手小指按一次 Enter 键。右手或左手小指按住 Shift 键，用左手或右手按键可实现英文字母的大小写转换输入，或双符号键上排字符的输入。

（5）要严格按照手指的键位分工进行按键，不能随意按键，左右手指的分工不能混淆，而是各司其职，不能"越权"操作，同时要力求实现"盲打"。

指法难点

（1）无名指与小指的控制（尤其是无名指）。常见的问题是无名指做动作时其他手指会跟着动。解决此问题的唯一办法就是多练，重点练习不灵活的手指，一个一个地攻破，在每根手指都灵活后，再进行综合练习，使十根手指分工明确，灵活协调。只要坚持练习，手指就会越来越听话。

（2）打字姿势。部分使用者习惯将手腕直接放在桌面上或键盘边上打字，这种姿势对录入速度影响很大，而且时间一长易使腕部疲劳。正确的姿势应该是腕部悬空。

（3）手指回位。手指必须放在基准键上，按键后一定要及时回位。

【活动】
(1) 自己画一个键盘，练习手指的灵活性。
(2) 将手指轻轻放在基准键位上，两个拇指放在空格键上，固定手指的位置，进行基准键位练习。

aaaa ssss dddd ffff gggg hhhh jjjj kkkk llll ; ; ;
asdfg hjkl; asdfg hjkl; asdfg hjkl; asdfg hjkl;
gfdsa; lkjh gfdsa; lkjh gfdsa; lkjh gfdsa; lkjh
fjdk adk; fdks dkls ghjd sldk fkd; sksl ghfk adlk……

2.3 盲打技巧及特殊键录入

2.3.1 盲打技巧

在计算机上录入文字时，眼睛要注视手稿和屏幕而不是键盘，这种键盘输入法称为"触觉式输入法"，俗称"盲打"。盲打的录入速度很快，可达到每分钟100个汉字以上。盲打要求操作者对键盘的各个键位非常熟悉，从而快速、准确定位和按键。

盲打时提速技巧主要包括以下几点：
(1) 凭手指的触觉能力准确按键，眼睛不要看键盘。
(2) 要用心记住键盘各键的位置，用大脑指导手指移向要按的键。
(3) 手指按键要准确、果断，频率稳定，有节奏感，力度均匀。
(4) 按键之后手指应迅速归位，回到基准键位，为下次击键做准备。
(5) 无论用哪个手指按键，其他手指都应自然伸展。

【活动】
(1) 什么是"盲打"？试阐述其优势。
(2) 依据盲打提速技巧，阐述自己的体会。

2.3.2 特殊键录入

1. WQOP 键的录入

W、Q键分别是左手无名指和小指负责按的键。O、P键分别是右手无名指和小指负责按的键。通过下面的练习可掌握左右手无名指和小指的各键位练习。

【活动】
按上述方法输入下列字符。
Wwww qqqq oooo pppp wwqq oopp wwoo qqpp qwop wqpo qqpp ooqq
Ppww oopp qqoo wwoo ooww ppww qqpp wopq poqw opqw oqpw opqw pwqo

2. 数字键、标点符号的指法

计算机数据录入中，往往有大量的阿拉伯数字需要录入。纯数字录入可用键盘第一排数字键录入和小键盘数字键录入。

（1）将手直接放在键盘第一排的数字符号键上，与基准键排列相对应，如图 2-4 所示。直接按下数字键进行数字输入；按 Shift 键，再按数字键输入数字上边对应的符号键。

图 2-4　数字、符号录入指法图

（2）用右手单击小键盘上的数字键，其中"4、5、6"为基准键位，操作时右手轻放在基准键位上，手指上下移动可按相应的键位。手指必须各司其职，明确分工。用小键盘输入数字前先按下［Num Lock］键，指示灯亮，如图 2-5 所示。

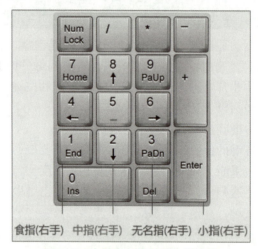

图 2-5　小键盘数字键录入指法图

【活动】
（1）按上述方法输入下列字符。
4575　4575　4575　4575　4575　4575　6745　6745　6745　6745　4657
4657　5577　5577　5577　1089　1089　1089　1089　1029　1029
1029　1029　1029　8891　8891　3008　3008　3008　3008　65847　36589　43865　56104　78923
56173　48218　38244
（2）按上述方法输入下列字符。
@@##$$（（））&&^^%%$$##@@**&^~！@#$%^&*（）_+｜{？><<>？｝（*&^%$#@）！
@$#%&*（^）~！#$

3. 大写字母录入

录入大写字母有以下两种方法：

（1）按住 Shift 键，按字母键，输入的就是大写字母。输入大写字母时，要注意左、右手的分工。例如：要输入大写字母 P，就用左手小指按住左边的 Shift 键，同时右手小指按 P 键；要输入大写字母 T，用右手小指按住右边的 Shift 键，同时左手按 T 键。

（2）如果要连续输入大写字母，先按一下 Caps Lock 键，键盘右上角的 Caps Lock 指示灯亮，这时所录入的字母全部为大写。另外，在输入小写字母时，不要忘记再按一下 Caps Lock 键，回到正常的录入状态。

2.4 金山打字通

金山打字通是一款功能齐全、数据丰富、界面友好，并且集打字练习和测试于一体的打字软件。针对用户水平可以定制个性化的练习课程，每种输入法均从易到难提供单词（音节、字根）、词汇以及文章，可以进行循序渐进的练习，并且辅以打字游戏，如图 2-6 所示。

图 2-6　金山打字通 2016 界面

1. 练习基准键位

基准键位是按键的主要参考位置，通过练习可快速熟悉基准键盘的位置和键盘指法，为打字录入奠定坚实的基础，如图 2-7 所示。

2. 练习其他键位

熟悉基准键位后，继续在"字母键位"界面中练习基准键位以外的其他键位。练习过程中不看键盘，规范指法和动作，如图 2-8 所示。

3. 练习数字键位

在主键盘区和小键盘区都有数字键位，对于经常使用小键盘的用户，可以专门对键盘进行数字键位的练习，如图 2-9 所示。

4. 练习符号键位

标点符号也是打字过程中不可缺少的元素之一，要灵活掌握使用 Shift 键输入上档字符，如图 2-10 所示。

图 2-7　练习基准键位

图 2-8　练习其他键位

2　计算机文字录入键盘指法

图 2-9　练习数字键位

图 2-10　练习符号键位

5. 通过游戏练习指法

在金山打字通中试玩一下游戏，在玩游戏的过程中可以进一步提高对字母键位的熟悉程度，同时可以锻炼用户的反应能力，加强打字兴趣，如图 2-11 所示。

17

图 2-11 打字游戏界面

【活动】

1. 录入练习

要求：完成所有键位练习课程后，对键盘上各键位的布局应基本掌握，同时对键位指法也能熟练运用。本实训将在记事本中录入如图 2-12 所示的文档，要求录入过程中严格按照正确的键位指法进行盲打操作，正确率达到 98% 以上。

思路：首先调整好打字姿势，然后启动计算机中"记事本"程序，严格按照前面学习的键位指法进行录入练习。对于文档中的数字字符，可直接利用小键盘进行录入，这样可以提高录入速度。

步骤1：打开"开始"菜单，选择"所有程序"→"附件"→"记事本"，启动"记事本"程序。

步骤2：录入字符内容。在录入过程中尽量不看键盘，训练盲打。每个单词之间的空格可以利用空格键进行录入，需要换行时直接按 Enter 键。

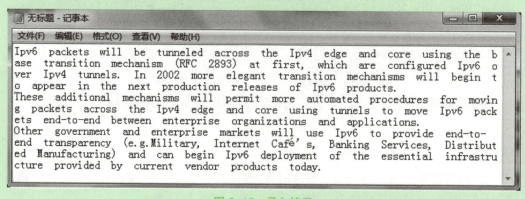

图 2-12 录入练习

2.使用金山打字通练习

要求：字母和数字录入速度达到30个/分钟，正确率达100%，符号键位录入达到20个/分钟，正确率达98%以上。

思路：本实训将分别通过"字母键位""数字键位""符号键位"的"过关测试"进行练习，"过关测试"功能有每分钟字数和正确率的要求，所以要保证一定的速度。

步骤1：启动"金山打字通"后，在"新手入门"界面中单击"字母键位"按钮，打开"字母键位"界面。

步骤2：根据图2-13的字母对应按键即可完成录入，注意切换大小写键。

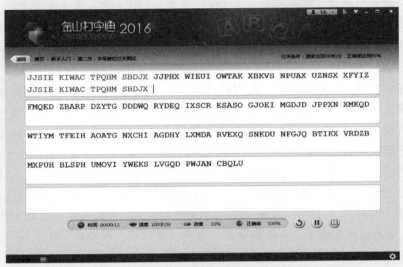

图2-13 字母键位过关测试

步骤3：测试完成后，系统会自动进入"第二关"，如图2-14所示。
步骤4：单击"新手入门"按钮，打开"数字键位"。

图2-14 字母键位过关测试过关

步骤5：根据数字对应按钮即可完成录入，因为是纯数字组合，建议使用小键盘录入。
步骤6：测试完成后，系统会自动进行下一关测试。

> **知识链接**

英语文字是拼音文字，所有文字均由26个字母拼组而成，所以使用一个字节表示一个字符。但汉字是象形文字，汉字的计算机处理技术比英文字符复杂得多，一般用两个字节表示一个汉字。由于汉字有一万多个，常用的也有六千多个，所以编码采用两字节的低7位共14个二进制位来表示。一般汉字的编码方案要解决4种编码问题。

（1）汉字交换码。汉字交换码的主要作用是汉字信息交换，以1980年国家标准局颁布的《信息交换用汉字编码字符集 基本集》（GB 2312—1980）规定的汉字交换码作为国家标准汉字编码，简称国标码。国标码中有6 763个汉字和682个其他基本图形字符，共计7 445个字符。其中，规定一级汉字3 755个，按汉语拼音字母/笔形顺序排列；二级汉字3 008个，按部首/笔画顺序排列。一个汉字所在的区号与位号简单地组合在一起就构成该汉字的"区位码"。

（2）汉字机内码。汉字机内码又称内码或汉字存储码，是计算机内部存储、处理的代码，该编码的作用是统一了各种不同的汉字输入码在计算机内的表示。一个汉字用两个字节的内码表示，计算机显示一个汉字的过程首先是根据其内码找到该汉字字库中的地址，然后将该汉字的点阵字形在屏幕上输出。

（3）汉字输入码。汉字输入码也称外码，是为了通过键盘字符把汉字输入计算机而设计的一种编码。对于同一汉字而言，输入法不同，其外码也不同。例如，对于汉字"啊"，在区位码输入法中的外码是1601，在拼音输入中的外码是a，而在五笔字形输入法中的外码是kbsk。汉字的输入码种类繁多，大致有音码、形码、音形码、形音码、区位码等。

（4）汉字字形码。汉字在显示和打印输出时，是以汉字字形信息表示的，即以点阵的方式形成汉字图形。汉字字形码是指确定一个汉字字形点阵的代码（汉字字形码），一般采用点阵字形表示字符。目前普遍使用的汉字字形码是用点阵方式表示的，称为"点阵字模码"。通常汉字显示使用16×16点阵，而汉字打印可选用24×24点阵、32×32点阵、64×64点阵等。在16×16点阵字库中的每一个汉字以32个字节存放，存储一、二级汉字及符号共8 836个，需要282.5 KB磁盘空间。而用户的文档假定有10万个汉字，却只需要200 KB的磁盘空间，这是因为用户文档中存储的只是每个汉字（符号）在汉字库中的地址（内码）。

3

五笔字形汉字输入法

- ■ 常见的五笔输入法
- ■ 五笔字形字根
- ■ 汉字的拆分和录入
- ■ 末笔字形交叉识别码
- ■ 键面汉字的录入
- ■ 键外汉字的输入
- ■ 简码的录入
- ■ 词组的输入
- ■ 重码、容错码和学习码

> **学习目标**:
>
> ➡ 知识目标：1. 了解几种常见的五笔输入法。
> 　　　　　　2. 熟练掌握 86 版五笔字形字根。
> 　　　　　　3. 掌握汉字的拆分和录入。
> 　　　　　　4. 掌握词组的录入。
>
> ➡ 能力目标：1. 能够熟记五笔字根。
> 　　　　　　2. 能够快速拆分汉子。
> 　　　　　　3. 能够快速准确录入单字和词组。
>
> ➡ 素养目标：1. 具有认真严谨、坚持不懈的工匠精神。
> 　　　　　　2. 具有乐观好学的学习态度。

五笔字形输入法是河南南阳王永民于 1983 年发明并推广的一种汉字输入法。它最大的特点就是重码率低，并且有规律，认不认识的字都可以输入，录入速度较快。经过训练，录入速度一般可以达到 150 字 / 分钟，是专业打字员必须掌握的输入法之一。五笔字形输入法分为 86 版和 98 版，98 版为 86 版的修正。但是，由于 86 版存在的时间比较长，被大多数人接受，并且很多软件主要支持的也是 86 版，所以 86 版反而比 98 版更流行。本章主要介绍 86 版五笔字形输入法的使用方法。

3.1　常见的五笔输入法

现今市场上有各类五笔输入法，如万能五笔、智能陈桥五笔、极点五笔等。这些输入法都有它们各自的优缺点，下面将分别对其进行介绍。

3.1.1　万能五笔

万能五笔是一种多元汉字输入法，采用了一种包含多种输入方法，并且互不冲突、相辅相成、相互取长补短的汉字编码方案，即在一种汉字编码输入状态下，任意汉字或词组短语同时存在多种编码输入途径，从而提供了更便利、更高效的编码输入，如图 3-1 所示。

图 3-1　万能五笔输入法

万能五笔输入法最大的特点就是支持五笔、拼音、笔画等多种编码输入途径，用户可任意选择，因此使用起来更加方便。

3.1.2　智能陈桥五笔

智能陈桥五笔是一套功能强大的汉字输入软件，内置有直接支持国家 GB 18030 标准，能输出二万七千多汉字编码的五笔和新颖实用的陈桥拼音（增加了笔画输入），具有智能提示、语句输入、语句提示及简化输入、智能选词等多项非常实用的独特技术,支持繁体汉字输出、各种符号输出、大五码汉字输出,内含丰富的词库和强大的词库管理功能,具有灵活强大的参数设置功能。智能陈桥五笔输入法如图 3-2 所示。

图 3-2　智能陈桥五笔输入法

3.1.3　极点五笔

极点五笔是一个完全免费的中文输入平台,该输入法状态条的体积非常小,如图 3-3 所示。

图 3-3　极点五笔输入法

极点五笔输入法有三种输入方式可以选择,包括拼音输入方式、五笔字形输入方式和五笔拼音输入方式。五笔拼音适合初学者使用,在输入汉字时,如果拆分不出其五笔编码,无须转换输入方式即可使用拼音输入方式进行输入,在汉字前面会给出相应的五笔编码。

3.1.4　搜狗五笔输入法

搜狗五笔输入法是国内使用人数最多的五笔输入软件,与其他同类五笔输入工具不同的是,搜狗五笔输入法免费版采用五笔+拼音、纯五笔、纯拼音多种模式可供选择,还有超前的网络同步功能,只要开始输入就有词库可供选择,节约打字时间,适合各类人群使用,如图 3-4 所示。

图 3-4　搜狗五笔输入法

【活动】
　　常见的五笔输入法有哪几种?

3.2　五笔字形字根

3.2.1　汉字的三个层次

汉字是一种意形结合的象形文字,形体复杂,笔画繁多,它最基本的成分是笔画,由基本笔画构成汉字的偏旁部首,再由基本笔画及偏旁部首组成有形有意的汉字。

汉字起源于象形文字,直到后来才形成"笔画"。一个完整的汉字是由若干笔画复合连接交叉所形成的相对不变的结构,这些结构绝大多数是部首查字法的字典中部首的图形,现将这种图形称为"字根"。一般来说,字根是有形有义的,在多数情况下也称为构字基本单位,这些基本单位经过拼形组合就产生出众多的汉字。

汉字划分为三个层次,即笔画、字根、单字。也就是说,由若干笔画复合连接交叉形成相对不变的结构组成字根;再将字根按照一定的位置关系拼合起来就构成了汉字。因此,字根是构成汉字最重要及最基本的单位,是汉字的灵魂。

"五笔字形"方案的基本出发点之一是遵从使用者的习惯书写顺序,以字根为基本单位来组字编码、拼形输入汉字。

下面分别学习汉字的三个层次。

汉字的五种笔画

1. 汉字的 5 种笔画

笔画是书写汉字时一次写成的一个连续不断的线段。在五笔字形中,为了方便学习并具有规律,按照汉字笔画书写走向,把笔画分为 5 种,即横、竖、撇、捺、折,以其使用频度,分别命以 1、2、3、4、5 作为代号。汉字的 5 种笔画见表 3-1。

表 3-1 五笔字形笔画名称表

笔画名称	代号	笔画走向	笔画及其变形
横	1	左→右	一、⁄
竖	2	上→下	丨、亅
撇	3	右上→左下	丿
捺	4	左上→右下	乀、丶
折	5	带转折	乙、巛、乚、㇀

(1)横:凡运笔从左到右或从左下到右上的笔画都归为"横"类,将"上提"视为特殊的"横"笔画。例如,把汉字偏旁"扌"的最后一笔"上提"归为"横"类。

(2)竖:凡运笔从上到下的笔画都归为"竖"类,将竖左钩也归类于"竖"类中。如"利"字中的偏旁"刂"的最后一笔"亅"也视为"竖"类。

(3)撇:凡运笔从右上到左下的笔画都归为"撇"类,如"川"字中最左边的"丿"与"人"字的"丿"等。

(4)捺:凡运笔方向从左上到右下的笔画都归为"捺"类,"捺"笔画与"撇"笔画运笔方向相反,需要仔细比较区别。将一点"丶"也归类于"捺"类中,如"太"字的最后一笔"丶"。

(5)折:凡所有带转折的笔画(除竖左钩外)都归为"折"类,如"弓、乙"等。

2. 汉字的字根

汉字的字根是若干基本笔画构成的相对不变的结构。在五笔字形中,字根是构成汉字的基本单位。

86 版五笔字形输入法中共选取了 130 多个基本字根,其选取字根的条件有两个:一是要能组成很多的字,如"王土大木工,目日口田山"等;二是虽然组成的字根少,但组成的字特别常用，如白（组成"的"）、西（组成"要"）等。

3. 笔画、字根和汉字之间的关系

五笔字形把汉字分为三个层次，即笔画、字根、汉字，它们之间的关系如图 3-5 所示。

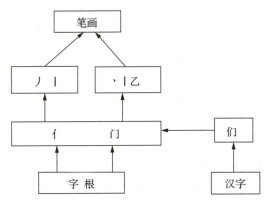

图 3-5 笔画、字根、汉字之间的关系

3.2.2 五笔字形的字根及分布

1. 字根的区和位

五笔字形中，根据字根的组字能力与出现频率，将字根分布在除 Z 键以外的 25 个键位上，分配方法是按字根起笔的类型划分为 5 个区，如图 3-6 所示。

图 3-6 字根区位表

每个区包括 5 个英文字母键，每个字母键作为一个位。区和位都给予 1~5 的编号，分别叫作区号和位号。每个字母键都有唯一的一个两位数的编号，其中区号作为十位数字，位号作为个位数字，组合起来表示键盘中的一个键位，即所谓的"区位号"。例如，S 键位于第一区的第四位，因此其区位号为 14，由此得出 1 为区号，4 为位号。同样，根据区位号也可以反推出其代表的字母键。

2. 字根键盘分布

五笔字形将选出的 130 多种基本字根按照其起笔笔划分成五个区，以横起笔的为第一区，以竖起笔的为第二区，以撇起笔的为第三区，以捺（点）起笔的为第四区，以折起笔的为第五区，每个区内的基本字根又分成五个位置，也以 1、2、3、4、5 表示。

记忆 130 个字根的分布，是学习五笔字形的难点。把 130 个基本字根安排在除 Z 键以外的 A～Y 的 25 个英文字母键上，这样字根就被分为 25 类，每类平均 5～6 个基本字根，由

此形成了五笔字形字根键盘分布图，如图 3-7 所示。

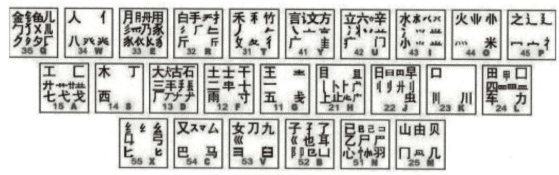

图 3-7　五笔字形字根键盘分布图

从五笔字形字根分布图可以看出，130 个基本字根又可分为以下 4 种类型。

（1）键名字根：同一键位代号的一组字根中有代表性的一个（每个键位方框左上角的字根就是键名）。

（2）成字字根：字根本身就可单独成为一个汉字的字根，如八、斤、广、车、马、雨等。在 130 个基本字根中，成字字根占很大比例。

（3）笔画字根：横、竖、撇、捺、折五种笔画就是笔画字根，它们都在本区首位。

（4）其他字根：130 个基本字根除以上的其他所有字根。

3.2.3　字根的分布规律

五笔字根在键盘上的分布是有规律可循的，熟练掌握这些规律可以使初学五笔的用户更快速地记忆字根。下面将具体介绍字根在键盘上的分布规律。

1. 首笔代码与区号一致

每个键位上所有字根的首笔代号与它所在的区号是一致的。区号按首笔的笔画"横、竖、撇、捺、折"划分，如"目、早、由、贝、山"的首笔均为竖，竖的代号为 2，所以它们都在 2 区。也就是说，以竖为首笔的字根区号都为 2。

2. 次笔代号与位号一致

字根的次笔代号与它所在的位号是一致的。例如，"白、门"的第 2 笔均为竖，竖的代号为 2，故它们的位号都为 2；又如，字根"山"的第 2 笔为"乙"（折的代号为 5），则该字根的位号为 5。

3. 基本笔画个数与位号一致

在五笔字形中，5 种基本笔画也可作为字根中的一种，通过一定的结合也能组合成字根，如"彡、巛、刂、灬"等，这些字根也分布在键盘的相应键位上，分布规律如下：

（1）单个基本笔画位于每个区的第 1 位，如单笔画"一、丨、丿、丶、乙"，它们分别位于区位号为 11、21、31、41、51 的 G、H、T、Y、N 键上。

（2）由两个基本笔画组成的字根位于每个区的第 2 位，如两个单笔画的复合字根"二、刂、彡、冫、巛"，它们分别位于区位号为 12、22、32、42、52 的 F、J、R、U、B 键上。

（3）由三个基本笔画组成的字根位于每个区的第 3 位，如 3 个单笔画的复合字根"三、川、彡、氵、巛", 它们分别位于区位号为 13、23、33、43、53 的 D、K、E、I、V 键上。

（4）由四个基本笔画组成的字根位于每个区的第 4 位, 如 4 个单笔画的复合字根"灬"位于区位号为 44 的 O 键上。

4. 部分字根形态相近

在五笔字形中，有些字根与键名字根或主要字根形近或渊源一致，因此都被放置在同一键位上，如 D 键上就有几个与"厂"字形相近的字根；还有些字根以义近为准放置在同一键位上，如传统的偏旁"亻"和"人""忄"和"心""扌"和"手"等。

3.2.4 字根详解与练习

初学五笔字形输入法最大的困难是记不住字根，为了帮助学习者克服这个困难，在短时间内记住这些字根，五笔字形发明人将选取的 130 个基本字根编成了助记词，每一句助记词对应一个键位，基本上包含了该键位上的所有字根，读起来押韵上口，增强了学习的趣味性。下面将采用理解与分析助记词的方法帮助大家记忆理解五笔字根，如图 3-8 所示。

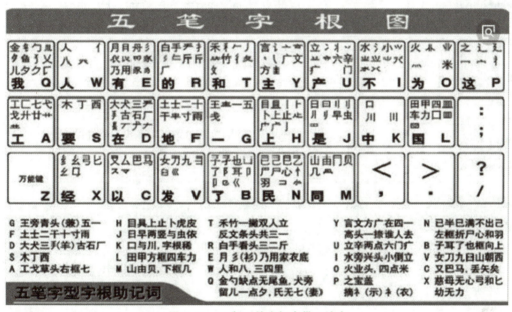

图 3-8　86 版五笔字根表带口诀表

1. 一区字根助记词

一区字根是指【G】、【F】、【D】、【S】、【A】5 个键位上的字根分布，如图 3-9 所示。

图 3-9　一区字根图

下面分键位做详细介绍，见表 3-2。

表 3-2　一区字根详解

键位	字根口诀	理解与分析
王一戋五 11G	王旁青头戋（兼）五一	"王旁"为偏旁部首"王"（王字旁）。"青头"为"青"字的上半部分"龶"。"兼"为"戋"（借音转义）。"五一"是指字根"五"和"一"
土士二干十寸雨 12F	土士二干十寸雨	分别是指"土、士、二、干、十、寸、雨"7个字根，但应特别记忆"革"字的下半部分"卑"
大犬三羊古石厂 13D	大犬三手（羊）古石厂	助记词中只包括"大、犬、三、古、石、厂"6个成字字根，还有很多字根没有包含在里面，但是可根据成字字根联想记忆，如记住"三"就可联想到"珡、镸"；"羊"为"𦍌"；记住"厂"就可联想到"犬、丁、ナ"
木丁西 14S	木丁西	该键位只有"木、丁、西"3个字根
工廿卄匚七弋戈开 15A	工戈草头右框七	"戈"是指"戈、弋"，"草头"是指"卄、艹、廾、廿"，"右框"即指"匚"

【活动】

横区字根练习：

压 芯 落 胡 浅 式 革 哭 度 社 机 开 天 全 代 者 区 找 切 可 性 权 会 而 夺 计 算 破 坏 功 毒 来 其 进 伏 共 某 过 送 讨 于 活 着 东 长 试

2. 二区字根助记词

二区字根是指【H】、【J】、【K】、【L】、【M】5个键位上的字根分布，如图3-10所示。

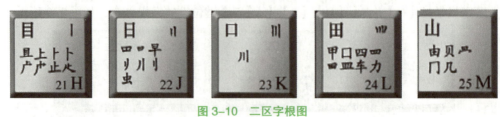

图 3-10　二区字根图

下面分键位做详细介绍，见表3-3。

表 3-3　二区字根详解

键位	字根口诀	理解与分析
目丨 且上卜卜 广止 21 H	目具上止卜虎皮	"具"是指字根"且","虎皮"是指"广、广"两个字根变形,助记词中其余汉字都表示成字字根
日刂 曰早刂 刂川 虫　22 J	日早两竖与虫依	"两竖"是指"刂、刂、刂","虫依"是指"虫","与"字无意义,记忆字根"日"时,要记住其变形字根"曰、□"
口 川 川 23 K	口与川,字根稀	"川"是指"川"字根,"字根稀"无意义
田 川 甲口四四 皿车力 24 L	田甲方框四车力	"方框"是指"口",通常作外框用,助记词中的其余汉字都是字根中的成字字根,另外一些字根没有包含在助记词中须单独记忆,如皿、□、皿
山 川 由贝□ 门几 25 M	山由贝,下框几	"下框"即指"门",助记词中有一个字根没有包含在内,即"□"

【活动】

竖区字根练习:
于　下　而　自　加　电　图　员　思　军　观　周　温　些　正　战　资　合　内
较　领　连　观　调　百　见　象　型　带　增　则　风　务　号　列　轴　非　历　判
再　证　办　细　叶　养　名

3. 三区字根助记词

三区字根是指【T】、【R】、【E】、【W】、【Q】5个键位上的字根分布,如图 3-11 所示。

图 3-11　三区字根图

下面分键位做详细介绍,见表 3-4。

表 3-4　三区字根详解

键位	字根口诀	理解与分析
禾 31T	禾竹一撇双人立，反文条头共三一	"一撇"即字根"丿"。"双人立"是指"彳"。"反文"是指"攵"。"条头"是指"夂"。"共三一"没特别意义，仅指这些字根都位于代码 31T 键上
白 32R	白手看头三二斤	"看头"是指"手"，"三二"是指这些字根位于代码 32R 键上，字根"扌斤厂￢"没有包含在助记词中，要另外记忆
月 33E	月彡（衫）乃用家衣底	"衫"是指"彡"，"家衣底"是指"豕、氏、衣"，键位上的"豸、皿、月"3 个字根须另外记忆
人 34W	人和八，三四里	"人"和"八"是指字根"人"和"八"，"三四里"没有意义，是指字根所在键位代码是 34W。另外，键位上还有字根"亻、癶、夊"
金 35Q	金勺缺点无尾鱼，犬旁留叉一点夕，氏无七（妻）	"勺缺点"是指"勺"字去掉中间那一点后的字根"勹"，"无尾鱼"是指字根"鱼"，"犬旁"是指"犭"，"留叉"是指字根"乂"，"一点夕"是指字根"夕"和变形"夂、夕"。"氏无七"是指"氏"字去掉中间的"七"而剩下的字根"匚"

【活动】

撇区字根练习：

所 化 合 物 件 明 各 毛 外 及 次 克 持 少 委 筷 修 低 近
往 无 当 应 组 然 看 克 原 质 区 活 众 极 供 持 程 更 光 具
复 做 史 场 织 精 确

4. 四区字根助记词

四区字根是指【Y】、【U】、【I】、【O】、【P】5 个键位上的字根分布，如图 3-12 所示。

图 3-12　四区字根图

下面分键位做详细介绍，见表 3-5。

3 五笔字形汉字输入法

表 3-5 四区字根详解

键位	字根口诀	理解与分析
言丶亠古文方广主 41Y	言文方广在四一，高头一捺谁人去	"在四一"是指这些字根在键盘的区位号。"高头"是指"高"字头"亠"和"吉"。"一捺"是指基本笔画"丶"，包括"丶"字根。"谁人去"是指去掉"谁"字左侧旁"讠"和"亻"，即剩下的字根"圭"
立䇂丬䒑六立门疒广 42U	立辛两点六门病	"两点"是指"丷"字根。"病"是指"疒"。口诀中的其他汉字指该键盘上的成字字根。另外，字根"丬、䒑、䇂"需要另行记忆
水氵氺水兴小业业 43I	水旁兴头小倒立	"水旁"是指"氵"和"冫、氺、水"字根，"兴头"需指"业、丷"，"小倒立"是指"小"以及它们的变形字根"业"
火灬业小米 44O	火业头，四点米	"业头"是指"业"及其变形字根"小"，"四点米"即"灬米"
之辶宀冖礻衤 45P	之宝盖，摘礻（示）衤（衣）	"宝盖"是指"宀"和"冖"。"摘礻（示）衤（衣）"字根"礻"，"之"指"之"字根

【活动】

捺区字根练习：
还 将 断 速 底 延 东 完 北 冰 杰 农 前 还 变 气 平 放 验
少 料 热 将 管 示 安 完 被 集 防 达 尔 断 书 低 际 注 推 均
照 容 亚 削 信 班 京

5. 五区字根助记词

五区字根是指【N】、【B】、【V】、【C】、【X】5个键位上的字根分布，如图 3-13 所示。

图 3-13 五区字根图

下面分键位做详细介绍，见表 3-6。

表 3-6　五区字根详解

键位	字根口诀	理解与分析
已乙 己巳羽 尸严 心忄　51 N	已半巳满不出己，左框折尸心和羽	"已半巳满不出己"指的是"已巳己"。"左框"是指"ㄗ"。"折"是指带转折的字根。其余汉字是指该键上的成字字根，还有字根"尸、忄"需要记忆
子《 孑耳阝卩 已了也凵　52 B	子耳了也框向上	"框向上"是指"凵"，其余汉字都代表一个字根。"子耳了也"代表四个字根汉字，但字根"阝、卩、《、巳"没有包含在助记词中
女《 刀ヨ 九白　53 V	女刀九臼山朝西	"山朝西"是指字根"ヨ"。"女刀九臼"四个汉字本身就是字根。字根"《"没有包含在字根助记词中
又 マスム 巴马　54 C	又巴马，丢矢矣	"丢矢矣"是指去掉"矣"字的下半部分"矢"字，剩下的字根"厶"，"又巴马"代表三个字根，另外还有变形字根"マ、ス"
纟幺𠃍 彑弓匕　55 X	慈母无心弓和匕，幼无力	"慈母无心"是指"𠃍"，"弓和匕"是指字根"弓"和"匕"，"幼无力"是指字根"幺"，另外还有字根"彑"

【活动】

（1）折区字根练习：

幼　导　当　切　么　取　层　节　号　色　习　老　书　记　弱　第　系　习　指
建　强　决　根　切　总　取　报　必　改　节　引　怎　眼　波　承　考　刻　局　粉
含　包　稻　季　丝　冷　奴

（2）综合字根练习：

使　结　应　制　那　问　建　根　转　报　管　病　此　运　原　克　即　研　据
风　场　世　求　状　万　才　半　收　非　亚　段　讲　服　击　快　武　升　交　执
模　非　亩　稻　滑　范　某

3.2.5　字根实训练习

利用金山打字通"五笔打字"模块的第二关熟记各字根的键位分布，然后对练习时间进行限时，最后在规定的时间内完成训练。在练习过程中，要坚持按标准的键位指法按键。

步骤 1：在"字根要区及讲解练习"界面，打开"课程选择"下拉列表框，选择"横区字根""竖区字根""撇区字根""捺区字根""折区字根""综合练习"，如图 3-14 所示。

步骤 2：在"课程选择"下拉列表框下方单击选中"限时"复选框，并在后面的文本框中录入限制时间"5分钟"。

步骤3：录入完成后，查看正确率。

图 3-14　字根练习

3.3　汉字的拆分和录入

由基本字根组成一个汉字，这是一个正过程，本节重点学习的是逆过程，即将一个完整的汉字拆分成若干个基本字根。

3.3.1　字根间的结构关系

一切汉字都是由基本字根组成的，或者说是拼合而成的。基本字根在组成汉字时，按照它们之间的位置关系也可以分为四种类型。

（1）单：是指基本字根本身就单独成为一个汉字，不用再进行拆分，如"口、木、车、人、子"等汉字都是单字根结构汉字。

在五笔字形中，这类字根包括键名字根与成字字根，其编码有专门规定，不需要辨别字形。另外，五种单笔画字根也属于这种结构。

（2）散：散字根结构简称"散"，顾名思义，汉字由不止一个字根构成，并且组成汉字的基本字根之间保持了一定距离，即字根之间有一个相互位置关系，既不相连也不相交，这种位置关系包括左右和上下结构关系。例如，"功""吕""李""足"等。

在编入汉字时，需要将这些散字根结构汉字进行拆分。

（3）连：连字根结构简称"连"。有的汉字是由一个基本字根和单笔画组成的，这种汉字的字根之间有相连关系，即称为"连"。"连"主要分为以下两种情况。

①基本字根连一个单笔画：即单笔画与字根相连，单笔画可在基本字根的上下左右，如字根"月"下连"一"成为"且"。如果单笔画与字根之间有明显间距，都不认为属于相连，

如"旧""乞"等。

②基本字根连带一点：该类型的汉字是由一个基本字根和一个孤立的点构成的，点与字根的位置关系可以相连，也可以不相连，如"勺""太""义"等。需要注意的是，带点结构的汉字不能当作散关系。

（4）交：交字根结构简称"交"，是指两个或两个以上的字根交叉、套叠后所构成的汉字，其基本字根之间没有距离，字根之间部分笔画重叠。例如，"里"由"日"和"土"两个字根交叉叠加而成；"申"由"日"和"丨"交叉构成；等等。

3.3.2 汉字的拆分原则

汉字的拆分是学习五笔字形输入法最重要的部分。有的汉字因为拆分方式不同，可以拆分成不同的字根，这就需要按照统一的拆分原则进行汉字的拆分。汉字的拆分原则可以概括为书写顺序、取大优先、兼顾直观、能散不连和能连不交五个原则，只有熟练掌握这五个拆分原则，才能准确地拆分出汉字的字根。

1. 书写顺序原则

按书写顺序拆分汉字是最基本的拆分原则。书写顺序通常为从左到右、从上到下、从外到内及综合应用，拆分时也要按照该顺序来拆分。下面将以具体的汉字为例来介绍汉字的拆分顺序。

汉字的拆分

（1）从左到右。在拆分汉字时，应将左侧字根排列在前，右侧字根排列在后，遵循从左到右的顺序。

例如，汉字"权"应拆分成"木、又"，而不能拆分成"又、木"；汉字"做"应拆分为"亻、古、攵"，而不能拆分为"亻、攵、古"，如图 3-15 所示。

图 3-15　左右结构汉字的拆分

（2）从上到下。在拆分汉字时，应将上侧字根排列在前，下侧字根排列在后，遵循从上到下的顺序。

例如，汉字"吉"应拆分为"士、口"，而不能拆分成"口、士"；汉字"宣"应拆分成"宀、一、日、一"，而不能拆分为"一、宀、日、一"，如图 3-16 所示。

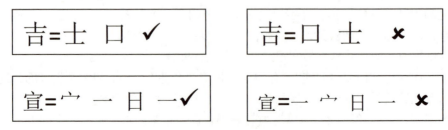

图 3-16　上下结构汉字的拆分

（3）从外到内。在拆分汉字时，应将外围字根排列在前，内侧字根排列在后，遵循从外到内的顺序。

例如，汉字"困"应拆分成"囗、木"，而不能拆分成"木、囗"；汉字"勾"应拆分为"勹、厶"，而不能拆分成"厶、勹"，如图3-17所示。

困=囗 木 ✓　　　困=木 囗 ✗

勾=勹 厶 ✓　　　勾=厶 勹 ✗

图3-17　包围结构汉字的拆分

（4）综合应用。许多汉字可以拆分成多个字根，此时就需要综合应用从上到下、从左到右、从外到内等原则拆分汉字。

例如，汉字"据"，先考虑从左到右顺序，应先拆分成"扌"和"居"，再考虑从外到内顺序，将"居"拆分成"尸、古"，即将整个汉字拆分为"扌、尸、古"；汉字"照"，先考虑从上到下顺序，应拆分为"昭"和"灬"，再考虑从左到右顺序，将"昭"拆分成"日、刀、口"，即将整个汉字拆分为"日、刀、口、灬"，如图3-18所示。

据=扌 尸 古 ✓　　　照=日 刀 口 灬 ✓

图3-18　汉字的拆分实例（一）

【活动】

练习拆分以下各字：

暂　寒　量　新　复　灭　轧　北　占　叶　号　由　史　叨　叫　另　生　失　代
仙　们　仪　丛　令　印　句　匆　外　冬　务　包　立　兰　法　宁　穴　它　讨　写
训　记　休　伍　优　件

2. 取大优先原则

取大优先也称为"优先取大"或者"能大不小""尽量向前凑"，是指拆分汉字时，应以再添一个笔画便不能成为字根为限，每次都拆取一个笔画尽可能多的字根，使字根总数目最少，但必须保证拆分形成的字根是键盘上有的基本字根。例如，汉字"夫"应拆分成"二、人"，而不能拆分成"一、大"；汉字"交"应拆分为"六、乂"，如图3-19所示。

汉字的拆分原则

夫=二 人 ✓　　　夫=一 大 ✗

交=六 乂 ✓　　　交=亠 八 乂 ✗

图3-19　汉字的拆分实例（二）

【活动】

练习拆分以下各字:

养 最 制 利 光 原 决 块 郑 寿 帮 材 卡 逐 秤 础 郊 株 市 美 饭 世 制 彩 菜 楚 补 颇 食 把 反 务 备 吧 邑 叹 吗 杜 杆 村 召 收 新 排 观 历

3. 兼顾直观原则

兼顾直观是指在拆分汉字时,要考虑拆分出的字根符合人们的直观判断和感觉,以及汉字字根的完整性,有时并不完全符合"书写顺序"和"取大优先"两个原则,形成个别例外情况。

例如,汉字"园"应拆分为"囗、二、儿",不能拆分成"冂、二、儿、一",这样就破坏了汉字的直观性;汉字"自"应拆分成"丿、目",不能拆分成"亻、乙、三",如图3-20所示。

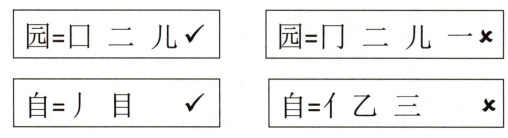

图3-20 汉字的拆分实例(三)

【活动】

练习拆分以下各字:

基 极 乘 幽 段 载 栽 截 海 姆 兼 戒 卤 东 册 甩 框 沸 卷 础 圆 察 株 阻 寒 阀 槽 厘 策 甚 固 击 素 源 段 易 必 报 象 集 毫 据 参 再 黄 张

4. 能散不连原则

能散不连是指如果汉字可以拆成"散"结构关系的字根,就不要拆成"连"结构关系的字根。在拆出的字根数目相同的情况下,按"散"的结构拆分比按"连"的结构拆分优先,如图3-21所示。

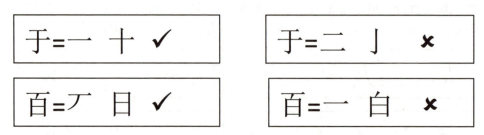

图3-21 汉字的拆分实例(四)

5. 能连不交原则

能连不交原则是指在拆分汉字时，能拆分成连结构的字根就不能拆分成交结构的字根，如图 3-22 所示。

天 = 一 大 ✓　　　天 = 二 人 ✗

丑 = 乙 土 ✓　　　丑 = 刀 二 ✗

图 3-22　汉字的拆分实例（五）

【活动】
练习拆分以下各字：
生 血 于 丑 午 天 生 且 亥

总之，拆字时应当兼顾上述五个方面的要求。一般来说，只要按汉字的书写顺序拆，且保证每次拆出最大的字根，在拆出数目相等的条件下，"散"比"连"优先，"连"比"交"优先。

为了使大家在练习中能熟练拆分汉字，特提供汉字拆分口诀，即：
单勿须拆，散拆简单，难在交连，笔画勿断。
能散不连，兼顾直观，能连不交，取大优先。

3.3.3　汉字的三种字形结构

汉字是一种平面文字，同样几个字根，摆放的位置不同，就形成不同的汉字。例如，"叭"与"只""吧"与"邑"等。字根的位置关系也是汉字的一种重要特征信息。

根据构成汉字的各字根之间的位置关系，可以把成千上万的方块汉字分为三种字形，即左右型、上下型、杂合型，用代号 1、2、3 表示。其中，"1 型字"是指左右型；"2 型字"是指上下型；"3 型字"是指杂合型，即指不能分块，或者虽能分块但块与块之间没有明显的左右、上下关系之分，如图 3-23 所示。

代号	字型	图示	位置关系	字例
1	左右型	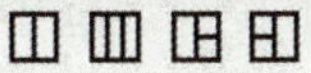 𠂉 𠁼 田 𠀤	左右、左中右	和 树 提 部
2	上下型	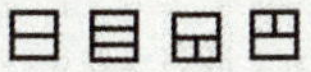 吕 昌 㗊 昌	上下、上中下	态 惹 蔽 丛
3	杂合型	 囗 回 匚 凵	独体、全包围、半包围	身 国 同 函 这

图 3-23　五笔字形三种字形及其代号

（1）左右型汉字包括双合字和三合字两种情况。

①双合字：两部分左右排列，整个汉字中有明显的界线，字根间有一定的距离，如肝、肚、沽、耿。

肚→左、右两部分，从左到右排列；

沽→左、右两部分，从左到右排列。

②三合字：整个汉字可以明显地看出是由三个部分组成，且三个部分从左到右排列，或可分成左右两部分，但其中一部分又分为上下两层。具体如下：

晰→左、中、右三部分，从左到右排列；

结→左、右两部分，右边又分为上下两部分；

封→左、右两部分，左边又分为上下两部分。

（2）上下型汉字包括双合字和三合字两种情况。

①双合字：整个汉字明显地分成上下两个部分，且各部分之间有一定的距离。

吉→上、下两部分，从上到下排列；

节→上、下两部分，从上到下排列。

②三合字：整个汉字可以明显地分成上、中、下三部分，或可分成上下两部分，但其中一部分又分为左右两部分，且各部分之间有一定的距离，具体如下：

意→上、中、下三部分，从上到下排列；

想→上、下两部分，上部分分为左右两部分；

晶→上、下两部分，下部分分为左右两部分。

（3）杂合型汉字（单合、内外、包围）杂合型是指组成汉字的各部分之间没有明显的左右或上下关系，各部分之间存在相交、相连或包围的关系。杂合型汉字主要有内外型汉字和单体汉字两种，也包括非上下型和非左右型汉字。也就是说，组成整个汉字的各部分之间不能明显地分成上下两部分和左右两部分的都属杂合型，如困、太、凶等。

关于字形还有如下规定：

①凡单笔画与字根相连或带点结构都视为3型，如犬、太、自、术。

②内外包围型字属3型，如困、同、西，但"见"为2型。

③至少含两字根且相交都属3型，如东、串、电、本。

④下含"走之"的字为3型，如进、逞、远、达。

3.3.4 单字实训练习

利用金山打字通"五笔打字"模块的第四关"单字练习"，但对练习时间进行限时，并在规定时间内完成训练。在练习过程中，要坚持按标准的键位指法按键。

步骤1：在"单字练习"界面"课程选择"下拉列表框中选择"常用字1"，如图3-24所示。

步骤2：在"课程选择"下拉列表框下方单击选中"限时"复选框，并在后面的文本框中录入限制时间"5分钟"。

步骤3：将录入完成后，查看正确率。

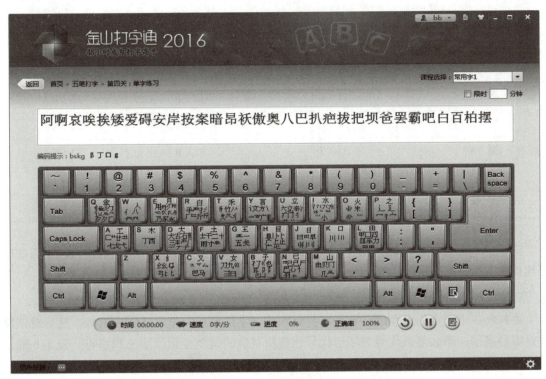

图 3-24　单字练习

3.4　末笔字形交叉识别码

3.4.1　末笔字形交叉识别码的录入

　　五笔字形编码方案的键盘设计中，将 130 个字根安排在 25 个英文字母键上，每个键上一般有 3~12 个字根，这样就不可避免地会造成不同的字根有相同的编码。例如，木、丁、西 3 个字根均在 S 键上，加上"氵"旁分别组成沐、汀、洒 3 个字，编码均为"IS"，其代码相同，字形也相同，出现重码。在五笔字形输入法中，为了避免出现重码，故提出"末笔字形识别码"也叫"识别码"。

1. 末笔字形识别码的组成

　　末笔字形识别码是指将一个汉字的末笔笔画数字代码作为区号，汉字字形的数字代码作为位号，从而得到一个区位号，该区位号所对应的键就是该汉字的识别码。因此，识别码是由"末笔代码+字形代码"组成的。汉字的笔画有 5 种，字形有 3 种，所以末笔字形交叉识别码共有 15 种，也就是每个区位的前三位是作为识别码使用的，表 3-7 为五笔字形末笔识别码。

表3-7 五笔字形末笔识别码

末笔代码＼字形代码	左右型（1）	上下型（2）	杂合型（3）
横（1）	11（G）	12（F）	13（D）
竖（2）	21（H）	22（J）	23（K）
撇（3）	31（T）	32（R）	33（E）
捺（4）	41（Y）	42（U）	43（I）
折（5）	51（N）	52（B）	53（V）

应牢牢掌握五笔字形输入法中的"识别码"，因为很多汉字必须加入识别码，才能准确迅速地输入所需的汉字。

2. 末笔字形识别码的判断

要判断一个汉字的识别码，首先需要判断该汉字的最后一笔属于哪种笔画，然后看该汉字是哪种字形，那么笔画代号与字形代号相连所对应的键就是该汉字的识别码。表3-8列出了交叉识别码实例。

表3-8 交叉识别码实例

汉字	末笔	末笔代码	字形	字形代码	识别码	编码
圣	一	1	上下型	2	12（F）	CFF
叭	丶	4	左右型	1	41（Y）	KWY
千	丨	2	杂合型	3	23（K）	TFK
叉	丶	4	杂合型	3	43（I）	CYI
户	丿	3	杂合型	3	33（E）	YNE
固	一	1	杂合型	3	13（D）	LDD

【活动】

练习拆分以下各字：

巩 农 床 沐 团 艾 兀 忘 奋

3.4.2 末笔识别码的特殊约定

在使用识别码输入汉字时，对汉字的末笔有一些约定需要注意。

（1）"力""刀""九""匕"这些汉字的笔顺常因人而异，"五笔字形"中特别规定，当它们使用"识别码"时，一律以"伸"得最长的"折"笔作为末笔。例如：

"男"字拆分成"田、力"。末笔为折"乙"，末笔代码为5，编码为（LLB）。

"花"字拆分成"艹、亻、匕"。末笔为折"乙"，末笔代码为5，编码为（AWXB）。

（2）对"辶""廴""囗"半包围和全包围的汉字，它们的末笔规定为被包围部分的末笔，表 3-9 为半包围和全包围汉字实例。

表 3-9　半包围和全包围汉字实例

汉字	拆分后的字根	末笔	末笔代码	字形	字形代码	识别码	编码
因	囗、大	丶	4	杂合型	3	43	LDI
迫	白、辶	一	1	杂合型	3	13	RPD
廷	丿、士、廴	一	1	杂合型	3	13	TFPD

（3）"我""戈""成"等字的末笔，由于因人而异，所以遵循"从上到下"的原则，一律规定撇"丿"为其末笔。例如：

"我"字拆分成"丿、扌、乙、丿"，取一、二、三和末笔码，其编码为（TRNT）。
"戈"字拆分成"一、一、一、丿"，取键名码、一、二和末笔码，其编码为（GGGT）。
"成"字拆分成"厂、乙、乙、丿"，取一、二、三和末笔码，其编码为（DNNT）。

（4）对于"刃""叉""勺""头"等字中的"单独点"，离字根的距离很难确定，可远可近，因此规定把"丶"当作末笔，即末笔为捺笔画，并且认为"丶"与相邻的字根是"连"的关系，所以为杂合型。例如：

"刃"字的末笔为"丶"，编码为（VYI）。
"叉"字的末笔为"丶"，编码为（CYI）。
"勺"字的末笔为"丶"，编码为（QYI）。
"头"字的末笔为"丶"，编码为（UDI）。

※ 末笔识别码练习小技巧：判定一个汉字的识别码最简单的方法是先判定汉字最后一笔的笔画，确定在哪一个区；再判定汉字的字形结构，确定是哪个键。

【活动】

练习拆分以下各字：

达　闷　团　疮　迎　仑　分　仇　浅　城　笺　昏　勾　弗　页　市　驰　廷　尤
伏　凹　击　元　尔　丹　矿　飞　沂　闸　秃　忙　鱼　美　企　正　章　粒　赶　惊
抖　迫　固

3.4.3　单字实训练习

要求：本实训将识别码汉字自定义添加到"金山打字通"–单字练习，如图 3-25 所示。

图 3-25　识别码汉字录入练习

3.5 键面汉字的录入

键面汉字是指在五笔字根键盘上存在的字根,它本身就是一个汉字,主要包括键名字、成字字根和单笔画三种。本节详细介绍三种键面汉字的输入方法。

1. 输入键名字

通常将各个键上的第一个字根,也就是"字根助记歌"中打头的那个字根称为键名。绝大多数键名本身就是一个汉字,如"金、王、木、工、目"等。

键名字分布在键盘的 25 个字母键上,每个字母键都有一个汉字,如图 3-26 所示。

图 3-26 五笔字形的字根分布

键名字的输入方法就是连击四次字根所在的键位,见表 3-10。

表 3-10 键名字的输入

键名字	区位号	按键
王	11	GGGG
土	12	FFFF
大	13	DDDD
木	14	SSSS
工	15	AAAA
目	21	HHHH
日	22	JJJJ
口	23	KKKK
田	24	LLLL
山	25	MMMM
禾	31	TTTT
白	32	RRRR
月	33	EEEE
人	34	WWWW

续表

键名字	区位号	按键
金	35	QQQQ
言	41	YYYY
立	42	UUUU
水	43	IIII
火	44	OOOO
之	45	PPPP
已	51	NNNN
子	52	BBBB
女	53	VVVV
又	54	CCCC
纟	55	XXXX

2. 输入成字字根

在五笔字形字根键盘的每个字母键上，除了键名汉字外，还有一些字根本身就是一个汉字，这些字根被称为成字字根，见表3-11。

表3-11 成字字根的输入

区号	成字字根
一区	戈、五、士、二、干、十、寸、雨、犬、三、古、石、厂、丁、西、戋、廿、七
二区	上、止、卜、曰、早、虫、川、四、甲、车、力、由、贝、几、皿
三区	竹、手、斤、乃、用、豕、八、儿、夕
四区	文、方、广、辛、六、门、小、米
五区	己、巳、尸、心、羽、乙、了、也、耳、子、刀、九、臼、巴、马、弓、幺、匕

输入成字字根的方法如下：首先单击成字字根所在的键（称之为"报户口"），然后按书写顺序输入该字根的第一、第二个单笔画和最后一个单笔画，还不足四键时按空格键补全，使用的公式概述为

编码 = 报户口 + 首笔画 + 次笔画 + 末笔画（不足四键时按空格键）

成字字根的输入很容易与键外汉字的输入混淆，把成字字根也拆成"五笔字根"造成输入困难。因此，熟记成字字根的输入方法是成为打字高手的必经之路。为了便于学习和记忆，对常见成字字根的拆分与编码进行总结，见表3-12。

表 3-12　常见成字字根的拆分与编码

成字字根	拆分	编码
二	二一	FG+ 空格
三	三一	DG+ 空格
四	四丨	LH+ 空格
五	五一	GG+ 空格
六	六丶	UY+ 空格
七	七一	AG+ 空格
九	九丿	VT+ 空格
力	力丿	LT+ 空格
刀	刀乙	VN+ 空格
手	手丿	RT+ 空格
也	也乙	BN+ 空格
由	由丨	MH+ 空格
车	车一	LG+ 空格
用	用丿	ET+ 空格
方	方丶	YY+ 空格
早	早丨	JH+ 空格
儿	儿丿	QT+ 空格
几	几丿	MT+ 空格
马	马乙	CN+ 空格
小	小丨	IH+ 空格
心	心丶	NY+ 空格
止	止丨	HH+ 空格
斤	斤丿丿	RTT+ 空格
冫	冫丶一	UYG+ 空格
亻	亻丿丨	WTH+ 空格
厶	厶乙丶	CNY+ 空格
刂	刂丨丨	JHH+ 空格
冂	冂丨乙	MHN+ 空格

续表

成字字根	拆分	编码
丁	丁一丨	SGH+ 空格
乃	乃丿乙	ETN+ 空格
亠	亠丶一	YYG+ 空格
八	八丿丶	WTY+ 空格
厂	厂一丿	DGT+ 空格
竹	竹丿一	TTG+ 空格
廿	廿一丨	AGH+ 空格
耳	耳一丨	BGH+ 空格
己	己乙一	NNG+ 空格
古	古一丨	DGH+ 空格
巴	巴乙丨	CNH+ 空格
匕	匕丿乙	XTN+ 空格
羽	羽乙丶	NNY+ 空格
十	十一丨	FGH+ 空格
门	门丶丨	UYH+ 空格
弓	弓乙一	XNG+ 空格
卜	卜丨丶	HHY+ 空格
皿	皿丨乙	LHN+ 空格
广	广丶一丿	YYGT
士	士一丨一	FGHG
艹	艹一丨丨	AGHH
扌	扌一丨一	RGHG
氵	氵丶丶一	IYYG
灬	灬丶丶丶	OYYY
幺	幺乙乙丶	XNNY
石	石一丿一	DGTG
贝	贝丨乙丶	MHNY
忄	忄丶丨丶	NYHY

续表

成字字根	拆分	编码
彡	彡丿丿	ETTT
尸	尸乙一丿	NNGT
虫	虫丨乙丶	JHNY
文	文丶一丶	YYGY
西	西一丨一	SGHG
川	川丿丨丨	KTHH
甲	甲丨乙丨	LHNH
雨	雨一丨丶	FGHY
寸	寸一丨丶	FGHY
戋	戋一一丿	GGGT
曰	曰丨乙一	JHNG
干	干一一丨	FGGH
夕	夕丿乙丶	QTNY
戈	戈一乙丿	AGNT
犬	犬一丿丶	DGTY
辛	辛丶一丨	UYGH

3. 输入五种单笔画

在五笔字形字根表中，有横（一）、竖（丨）、撇（丿）、捺（丶）、折（乙）五种基本笔画，也称为五种单笔画，它们分别位于键盘上的 G、H、T、Y、N 键上。

在五笔输入法中，若按照成字字根输入法的规定，击打字根所在的键后再按一下单笔画所在的键，即可输入单笔画字根，结果造成了它们的编码只有两码。中文里的汉字成千上万，如果让这五个不常用的"单笔画汉字"占用两码之后再加两个 L，足以保证这种定义码的唯一性。要加两个 L，而不是一个 L，是为了避免引起重码的现象。

因此，单笔画的输入方法是：按单笔画所在键位两次 + 两次字母键 L。

【活动】

练习拆分以下各字：

王 五 一 土 士 二 干 十 寸 雨 大 犬 三 古 石 厂 木 丁 西
工 戈 七 戈 目 上 卜 止 日 虫 口 早 川 田 甲 四 车 力 山 由
贝 几 禾 竹 白 手 斤 之 月 用 乃 人 八 金 儿 言 文 方 广 立 辛
门 六 水 小 火 米 匕 乙 己 巳 巴 心 尸 羽 子 耳 了 也 宀 女 刀 九
又 巴 马 纟 弓 匕 乙

4. 录入实训练习

要求：本实训将键面汉字自定义添加到"金山打字通"–单字练习，如图3-27所示。

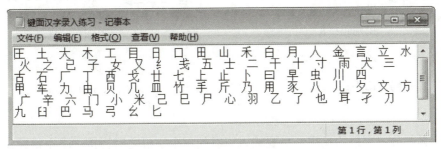

图3-27 键面汉字录入练习

3.6 键外汉字的输入

键外汉字是指在五笔字根键盘上找不到的汉字。在五笔字形中，输入键外字要先将其拆分成字根。由于拆分结果的不同，键外字的输入又分为两字根汉字、三字根汉字、四字根汉字及多字根（多于四字根）汉字等几种情况。

1. 两字根汉字的输入

先按笔顺顺序输入该汉字已有的两个字根，再输入它的末笔字形交叉识别码，最后按一下空格键，共四键。例如，输入汉字"伯"，先取"亻（W）、白（R）"两个字根，然后输入识别码G，再按一下空格键；输入汉字"千"，先取"丿（T）、十（F）"两个字根，然后输入识别码K，再按一下空格键，如图3-28所示。

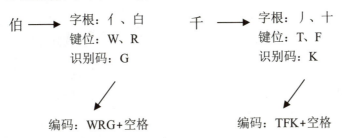

图3-28 两字根汉字输入实例

【活动】

练习两字根汉字的拆分：

于 天 末 开 旧 占 贞 秀 入 法 这 尼 下 直 吉 丰 百 胡 步
盯 相 可 机 计 划 功 贡 玫 表 才 元 无 析 攻 匠 区 眯 边 凡
边 迪 志 地 雪 友 龙 李 要 权 节 切 芭 字

2. 三字根汉字的输入

先按笔顺顺序输入该汉字已有的三个字根，再输入它的末笔字形交叉识别码。例如，输入汉字"串"，先取"口（K）、口（K）、丨（H）"三个字根，然后输入识别码K；输入汉字

"会",先取"人(W)、二(F)、厶(C)"三个字根,然后输入识别码U,如图3-29所示。

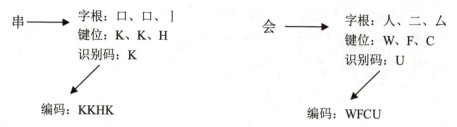

图3-29　三字根汉字输入实例

其实,大部分三字根的汉字,只要输入应有的三个字根之后再按一下空格键,基本就可以得到。极少数的三字根汉字还需要输入识别码。

【活动】

练习三字根汉字的拆分:

毛 法 技 格 辑 图 助 体 程 数 识 别 按 顺 再 高 朝 部 与
其 样 试 算 简 单 经 至 些 那 述 前 后 标 准 讲 列 平 想 通
学 校 店 老 母 新 皆 星 鑫 品 服 浮 洋 美 观

3. 四字根汉字的输入

由于四字根汉字只有四个字根,而在五笔字形号中每个汉字又只能敲四下,所以在输入四字根汉字时,只要按笔顺顺序输入它的四个字根编码即可,而不必再去考虑识别码。例如,输入汉字"热",先取"扌(R)、九(V)、丶(Y)、灬(O)"四个字根;输入汉字"特",先取"丿(T)、扌(R)、土(F)、寸(F)"四个字根,如图3-30所示。

图3-30　四字根汉字输入实例

【活动】

练习四字根汉字的拆分:

神 笔 型 刷 两 似 得 到 教 师 建 考 流 辈 选 制 祖 摆 像
规 模 既 使 罪 期 掌 慢 饭 拿 写 调 容 物 特 速 普 跑 紧 修
淘 需 作 道 统 验 希 望 愿 励 增 能 装 词 殊 命

4. 多字根汉字的输入

多字根汉字是指多于四个字根的汉字。由于在五笔字形中每个汉字最多只能按四次键,所以对于多字根汉字,就不可能顺序输入它的每个字根。输入多字根汉字时,只能顺序输入它的第一个字根、第二个字根、第三个字根和最后一个字根,这样就跳过了一些字根。另外,最后一次按键是输入它的最后一个字根而不是第四个字根。例如,输入汉字"赢",

先取"亠（Y）、乙（N）、口（K）、丶（Y）"四个字根；输入汉字"涮"，先取"氵（I）、尸（N）、冂（M）、刂（J）"四个字根，如图3-31所示。

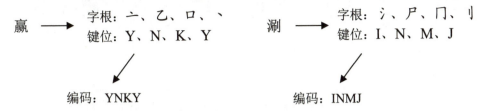

图3-31 多字根汉字输入实例

【活动】
练习多字根汉字的拆分：
版 键 敲 德 属 编 器 癌 懊 搬 帮 褒 薄 爆 蓖 鞭 遍 瘪 濒
拨 膊 埠 擦 餐 藏 操 糙 槽 蹲 换 馋 闸 颤 擎 澈 橙 酬 跨 厨
矗 蠢 瓷 蹿 翠 瘩 戴 凳 颠 叠 鼎 懂 犊 锻 樊

5. 键外汉字的录入实训练习

实训1

要求：本实训将键外汉字自定义添加到"金山打字通"-单字练习，如图3-32所示。

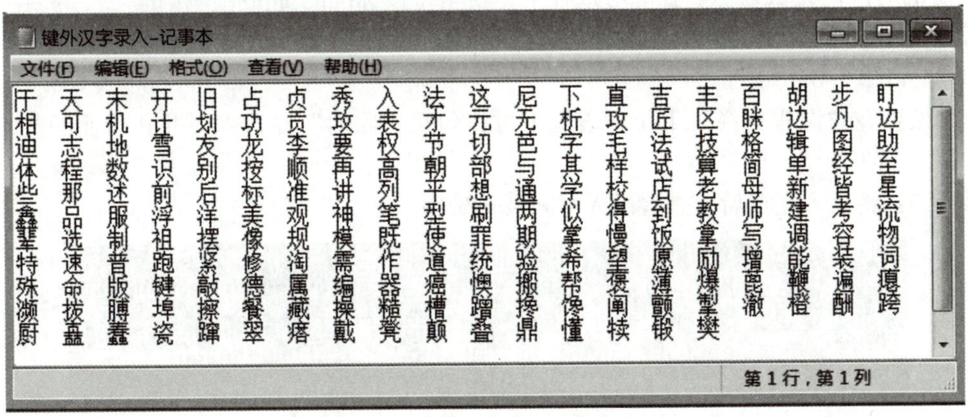

图3-32 录入键外汉字练习

实训2

利用金山打字通"五笔打字"模块的第4关"单字练习"，然后对练习时间进行限时，最后在规定的时间内完成训练。在练习过程中，要坚持按标准的键位指法按键。

步骤1：在"单字练习"界面，"课程选择"下拉列表框中选择"常用字8"，如图3-33所示。

步骤2：在"课程选择"下拉列表框下方，勾选"限时"复选框，并在后面的文本框中录入"5"分钟限制时间。

步骤3：录入完成后，查看正确率。

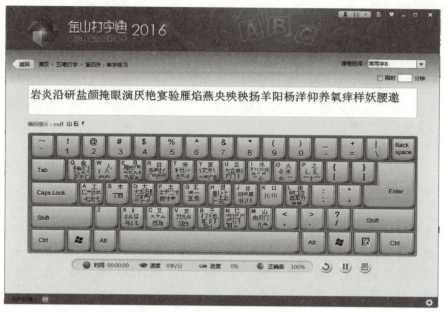

图 3-33　四字根汉字输入练习

实训 3

利用金山打字通"五笔打字"模块的第 4 关"单字练习",然后对练习时间进行限时,最后在规定的时间内完成训练。在练习过程中,要坚持按标准的键位指法按键。

步骤 1:在"单字练习"界面"课程选择"下拉列表框中选择"难拆字 1"和"易错字 1",如图 3-34 和图 3-35 所示。

步骤 2:在"课程选择"下拉列表框下方,勾选"限时"复选框,并在后面的文本框中录入"5"分钟。

步骤 3:将录入完成后,查看录入时间及正确率。

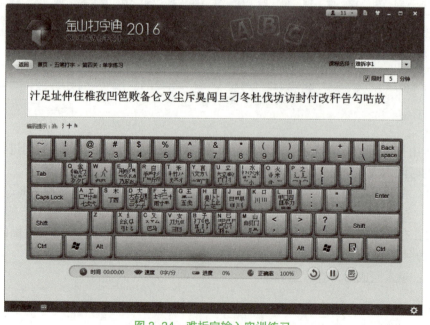

图 3-34　难拆字输入实训练习

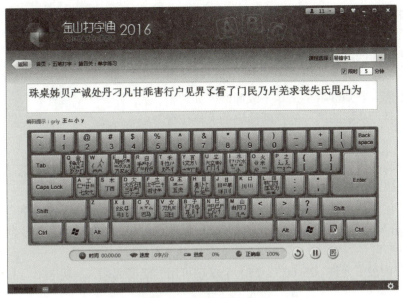

图 3-35 易错字输入练习

3.7 简码的录入

通常在使用五笔字形输入法录入汉字时需要录入四码，即全码。但是一些不足四码、重码率比较低的汉字和一些使用频率较高的汉字有更快的录入方法，即简码录入。根据简码的个数可将其分成一、二、三级简码。

1. 一级简码

一级简码有 25 个，它们都是最常用的汉字，称为高频字。录入时，只需要键入一个字根和一个空格即可。

为了便于记忆，出现的高频字按照它们的起笔或所包含的字根，分别对应于键盘上的 25 个键，如图 3-36 所示。

图 3-36 高频汉字键位图

高频汉字键位图的记忆口诀：

G–A 一地在要工；

H–L 上是中国同；

T–Q 和的有人我；

Y–P 主产不为这；

N–X 民了发以经。

记忆规律如下：

（1）大部分一级简码的代码都是其全码的第一码；

（2）有部分简码是其全码的第二码，如"有、不、这"；

（3）还有一些简码与全码毫无关系，如"我、以、发、为"；

（4）一小部分既是键名字又是一级简码，如"工、人"；

（5）录入时可从字的第一笔判断简码的大概位置。

2. 二级简码

二级简码与一级简码类似，二级简码汉字由单字全码的前两个字根组成，即二级简码的汉字编码有两码。

二级简码的输入方法是依次按汉字的前两个字根所在的键位，再按一下空格键。例如，"姨"字应拆分为"女（V）、一（G）、弓（X）和人（W）"。在输入时，只需先按V和G键，再按下空格键即可。

25个键位中最多允许625（25×25）个汉字可用二级简码输入，见表3-13。

表3-13 二级汉字简码表

名称	GFDSA	HJKLM	TREWQ	YUIOP	NBVCX
G F D S A	五于天末开 二寺城霜载 三夺大厅左 本村枯林械 七革基苛式	下理事画现 直进吉协南 丰百右历面 相查可楞机 牙划或功贡	玫珠表珍列 才垢圾夫无 帮原胡春克 格析极检构 攻匠菜共区	玉平不来琮 坟增示赤过 太磁砂灰达 术样档杰棕 芳燕东蓁芝	与屯妻到互 志地雪支坞 成顾肆友龙 杨李要权楷 世节切芭药
H J K L M	睛睦睚盯虎 量时晨果虹 呈叶顺呆呀 车轩因困轼 同财央朵曲	止旧占卤贞 早昌蝇曙遇 中虽吕另员 四辊加男轴 由则迥崭册	睡脾肯具餐 昨蝗明蛤晚 呼听吸只史 力斩胃办罗 几贩骨内风	眩瞳步眯睛 景暗晃显晕 嘛啼吵咪喧 罚较 辚边 凡赠崤嶙迪	卢　眼皮此 电最归紧昆 叫啊哪吧哟 思团轨轻累 岂邮　凤嶷
T R E W Q	生行知条长 后持拓打找 且肝须采肛 全会估休代 钱针然钉氏	处得各务向 年提扣押抽 萧胆肿肋肌 个介保佃仙 外旬名甸负	笔物秀答称 手折扔失换 用遥朋脸胸 作伯仍从你 儿铁角欠多	入科秒秋管 扩拉朱搂近 及胶膛䏝爱 信们偿伙依 久匀乐炙锭	秘季委么第 所报扫反批 甩服妥肥脂 亿他分公化 包凶争色镪
Y U I O P	主计庆订度 闰半关亲并 汪法尖洒江 业灶类灯煤 定守害宁宽	让刘训为高 站间部曾商 小浊澡渐没 粘烛炽烟灿 寂审宫军宙	放诉衣认义 产瓣前闪交 少泊肖兴光 烽煌粗粉炮 客宾家空宛	方说就变这 六立冰普帝 注洋水淡学 米料炒炎迷 社实宵灾之	记离良充率 决闻妆冯北 沁池当汉涨 断籽娄烃糯 官字安　它
N B V C X	怀导居怃民 卫际承阿陈 姨寻姑杂毁 骊对参骠戏 线结顷缥红	收慢避惭届 耻阳职阵出 叟旭如舅妯 骡台劝观 引旨强细纲	必怕　愉懈 降孤阴队隐 九姝奶奂婚 矣牟能难允 张绵级给约	心习悄屡忱 防联孙耿辽 妨嫌录灵巡 驻骈　驼 纺弱纱继综	忆敢恨怪尼 也子限取陛 刀好妇妈姆 马邓艰双 纪弛绿经比

3. 三级简码

三级简码由单字的前三个字根码组成，只要一个汉字的前三个字根在整个编码体系中是唯一的，一般都可以使用三级简码输入。在五笔输入法中，可以使用三级简码输入的汉字共有 4 400 多个，因此无须一一背诵出来，只要在实际中掌握一些规律即可。

三级简码的输入方法：取汉字的前三个字根，再按空格键，即第一个字根 + 第二个字根 + 第三个字根 + 空格键。

例如，"洗"字由四个字根组成，应拆分为氵、丿、土和儿。这四个字根依次按 I、T、F、Q 键位，传统地输入该汉字，使用三级简码输入法的方法，是按下 I、T、F 键 "洗"字就显示在字词列表框中，再按空格键即可输入该字。

【活动】

练习三级简码汉字的拆分：

英 语 老 师 总 需 更 新 母 起 初 讲 课 请 书 写 其 讲 议
考 试 差 错 但 还 准 许 再 填

4. 简码录入实训练习

利用金山打字通"五笔打字"模块的"单字练习"，然后对练习时间进行限时，最后在规定的时间内完成训练。在练习过程中，要坚持按标准的键位指法按键。

步骤 1：在"单字练习"界面"课程选择"下拉列表框中选择"一级简码一区""二级简码 1"，分别如图 3-37 和图 3-38 所示。

步骤 2：在"课程选择"下拉列表框下方勾选"限时"复选框，并在后面的文本框中录入"5"分钟限制时间。

步骤 3：录入完成后，查看录入时间及正确率。

图 3-37　一级简码录入练习

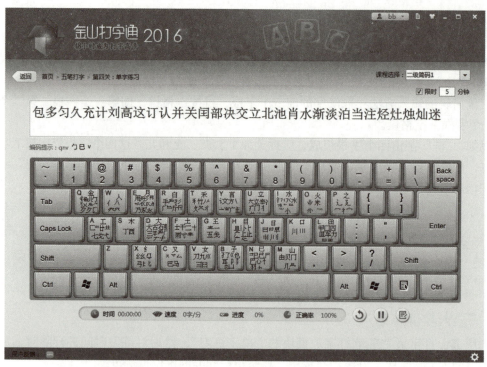

图 3-38 二级简码录入练习

3.8 词组的输入

常用的句子中，词组比单字的使用率高，掌握词组的输入方法可以使输入速度更高。词组一般分为两字词、三字词、四字词和多字词（多于四字组成的词组）等几种，它们分别有不同的输入方法和规则。不论是几个字组成的词组，在输入时一律只按四次键，按键次数相当于输入一个汉字的次数，所以组成词组的字数越多，就越节省时间，速度也就越快。

1. 两字词的输入

由两个单字组成的词组叫作两字词，顺序输入每个单字应有的前两个字根，共四个字根。可以简记成"22"打法。例如，输入"规则"这个词，其中"规"字共有四个字根，前两个是"二、人"，"则"字只有两个字根"贝、刂"，所以输入时略去"规"字的后两个字根，只顺序输入"二、人、贝、刂"四个字根就可得到"规则"这个词。如果遇到词组中恰好是键名字根，可以重复按一下这个键。例如，输入"法人"这个词时，"法"字的前两个字根没有问题，而"人"字只需一键，这时可以键入"IFWW"得到这个词组；输入"职工"一词，就要输入"BKAA"。一般来说，输入两字词大约比输入两个单字可节省一半的时间。

【活动】

练习拆分以下各词组：

词组、输入、方法、简单、可靠、节省、时间、提高、速度、练习、反复、学习、效果、政治、法律、经济、哲学、历史、军事、天文、地理、科学、制度、广义、字根、效果、计划、组织、集体、生活、锻炼、文明、精神、物质、宇宙、银行、交通、电视

2. 三字词的输入

由三个单字组成的词组叫作三字词。输入三字词时，顺序输入第一个字、第二个字的第一个字根，再输入第三个字的前两个字根，共四键，简记成"112"打法。例如，输入"计算机"时，应该先按 Y（"计"字的第一个字根），再按 T（"算"字的第一个字根），最后按 SM（"机"字的前两个字根）。初学者往往把这一规则错记成输入第一个字的前两个字根和后两个字的第一个字根，这是需要特别注意的地方。

【活动】
练习拆分以下各词组：
工程师、建筑物、北京市、天安门、大会堂、电视机、小汽车、电风扇、马克思、恩格斯、毛泽东、出版社、编辑部、奥运会、全世界、展览会、办公室、现代化、可能性、发明家、同义词、共和国、独生子、需求量、打字机

3. 四字词的输入

对于四个字组成的词组，顺序输入每个字的第一个字根。例如，输入"社会主义"，只要输入 P（"社"字的第一个字根）、W（"会"字的第一个字根）、Y（"主"字的第一个字根）、Y（"义"字的第一个字根）就可以得到这个词。

【活动】
练习拆分以下各词组：
精神文明、物质文明、改革开放、共产主义、五笔字形、天方夜谭、科学技术、国家标准、精神财富、工矿企业、信息处理、情报检索、科学研究、新闻记者、共产党员、出租汽车、无论如何、兴高采烈、新陈代谢、知识分子、自动控制、总而言之、艰苦奋斗

4. 多字词的输入

多于四个单字组成的词组叫作多字词，由于每个词在输入时也是按四次键，所以多字词也就不可能逐字输入。通常顺序输入它的第一、第二、第三个字的第一个字根以及最末字的第一个字根，而跳过其他单字的字根。例如，输入"中华人民共和国"，先按 K（"中"字的第一个字根），再按 W（"华"字的第一个字根），继而按 W（"人"字的第一个字根）和 L（"国"的第一个字根），跳过了"民共和"三个字的字根输入。

【活动】
练习拆分以下各词组：
中国人民解放军、政治协商会议、人民代表大会、中央电视台、常务委员会、中央人民广播电台、发展中国家、内蒙古自治区、为人民服务、中国人民建设银行、现代化建设、中央政治局、不食人间烟火、中华人民共和国、中华全国总工会

5. 词组的输入实训练习

利用金山打字通"五笔打字"模块的第五关"词组练习"，并对练习时间进行限时，在规定的时间内完成训练。

步骤1：在"词组练习"界面"课程选择"下拉列表框中，分别选择"二字词组1""三

字词组 1""四字词组 1""多字词组 1",如图 3-39～图 3-42 所示。

步骤 2:在"课程选择"下拉列表框下,勾选"限时"复选框,并在后面的文本框中录入"5"分钟限制时间。

步骤 3:在录入完成后,查看录入时间及正确率。

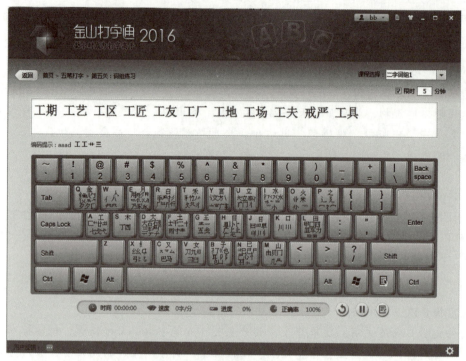

图 3-39　二字词组的录入练习

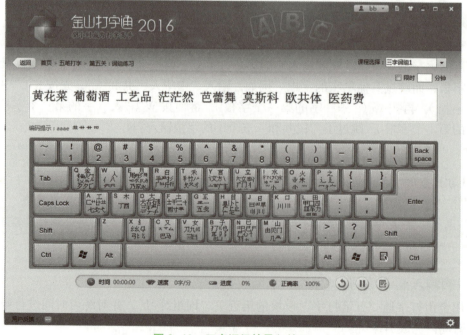

图 3-40　三字词组的录入练习

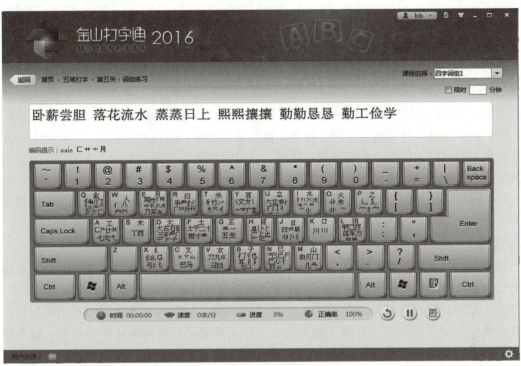

图 3-41 四字词组的录入练习

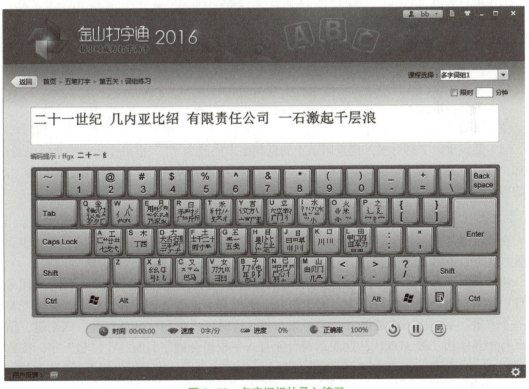

图 3-42 多字词组的录入练习

3.9　重码、容错码和学习码

1. 重码分级处理

五笔字形根据重码字的使用频度进行了分级处理，即按"高频先见"原则处理重码字。

（1）当屏幕编号显示重码字时，按字的使用频度安排，即高频字在第一个位置上。当高频字排在 1 号位时，机器会响铃报警，此时，只要继续输入下面一个字，1 号位字就会自动跳到屏幕光标处。

（2）对于国标一级汉字中的重码字，将常用的仍按常规编码，对较不常用的，则将末码改为"L"，作为一个容错码，使一级汉字中的大多重码字可以实现无重码输入。

2. 容错码

容错码的"容"有两种含义：一是"容易"；二是"容许"。在实际编码中常会出现种种差错，许多差错的产生有其原因，带有普遍的易发性。容错码的设计是一种"因势利导"的办法，即承认那些容易写错的码产生的合理性，把它们作为一类正常的可用码保留，使那些和规则不完全相符的（有错误的）码也可以正常使用，从而简化学习过程，避免错码产生后找不到所需字，费时费力地重打。五笔字形的第四版中有 500 个容错码，分为以下类型：

（1）拆分容错。

（2）字形容错。

（3）软件版本容错，已熟悉老版本中已改掉的码作为容错码输入。

（4）异体容错。

（5）末笔容错。

（6）笔顺容错。

（7）繁简容错。

（8）低频重码字码后缀，把重码字中的低频字末码改为"L"也可作为一种容错码看待。例如，"喜""嘉"的正常编码是 FKUK，"嘉"为相对低频的字，可定义编码 FKUK 为"嘉"字的容错码。

3. 学习键（万能键 Z）

在学习键盘区位表后，学习者会发现：26 个英文字母键只用了 25 个，还有一个 Z 键为何闲置？这是因为用 Z 键来进行"选择式易学输入"，所以 Z 键又叫作"学习键"。

初学者由于对键盘字根不太熟悉或者对某一汉字的拆分一时难以确定时，"Z"可用来代替任一字根。在一个字的输入中，无论第几个字根都可以用 Z 键代替。例如，学习者要输入一个"敬"字，而不清楚第二个字根怎么打，这时可以使用"艹 Z 口 攵"四个键，结果提示行中显示出"敬 AQKT"，这表示符合刚打入字根组合的字只有一个"敬"字，按数字键"1"，"敬"字就自动显示在正常编辑位置上，同时也可以从提示行中知道那个未知的字根"勹"在 Q 键上。

【活动】
　　实训1
　　熟记各字根的键位分布，并且熟练拆字合字的基本方法后，下面在金山打字通中对文章录入进行练习。
　　实训思路：利用金山打字通"五笔打字"模块的第六关进行"文章练习"，然后对练习时间进行限时，最后在规定的时间内完成训练。
　　步骤1：打开"文章练习"界面"课程选择"下拉列表框中选择文章，如图3-43所示。
　　步骤2：在"课程选择"下拉列表框下方，勾选"限时"复选框，并在后面的文本框中录入"5"分钟限制时间。
　　步骤3：将文章录入完成后，查看录入时间及正确率。

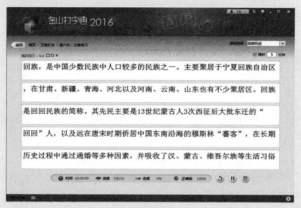

图3-43　文章录入练习（一）

　　实训2：在记事本中录入如图3-44所示的文章，限时10分钟，正确率达99%。
　　实训思路如下：
　　步骤1：启动记事本，开始录入汉字。
　　步骤2：录入完成后，单击【文件】菜单→保存→输入文件名→保存。
　　步骤3：关闭记事本。

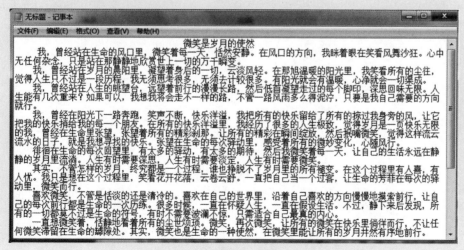

图3-44　文章录入练习（二）

4

拼音输入法

- ■ 拼音输入法介绍与安装
- ■ 搜狗输入法设置
- ■ 搜狗拼音输入法使用

> **学习目标:**
> ⇨ **知识目标:** 1. 了解拼音输入法。
> 　　　　　　 2. 掌握搜狗输入法的使用。
> ⇨ **能力目标:** 1. 能够安装狗拼音输入法并完成设置。
> 　　　　　　 2. 能够熟练使用狗拼音输入法。
> ⇨ **素养目标:** 1. 培养自我探索的能力。
> 　　　　　　 2. 具有适应信息化的创新能力。

拼音输入法是一种基于词组和语句的智能型拼音输入法,采用汉语拼音作为汉字的录入方式,受到许多对输入速度要求不太高并且熟悉汉语拼音的用户欢迎。用户不需要经过专门的学习培训,就可以方便使用并熟练掌握这种汉字输入技术。

4.1　拼音输入法介绍与安装

搜狗拼音输入法是当今网上最流行、用户好评率最高、功能最强大的拼音输入法,并且承诺永久免费、绝无插件。搜狗拼音输入法首创性地采用了搜索引擎技术,使得输入速度有了质的飞跃。自从 2006 年 6 月发布第一版以来,搜狗拼音输入法以输入法领域前所未有的速度更新了 12 个版本。目前,搜狗拼音输入法在词库的广度、词语的准确度、高级功能、易用性设计和外观上远远领先于其他输入法,已经成为深受欢迎的装机必备软件之一。

登录页面: https://pinyin.sogou.com/,单击"立即下载"按钮,提示将文件保存到本地并且开始下载,下载完成后直接单击下载对话框下面的"运行"按钮,弹出欢迎使用搜狗输入法的安装界面,如图 4-1 ~ 图 4-3 所示,完成搜狗拼音输入法的安装。

图 4-1　安装第一步

图 4-2　安装第二步

图 4-3 安装第三步

安装完成后,单击任务栏右下角输入法图标查看搜狗拼音输入法,可以在输入文字时调用此输入法。

【活动】
　　如何正确地安装搜狗拼音输入法?

4.2　搜狗输入法设置

4.2.1　搜狗输入法状态栏的设置

　　安装搜狗拼音输入法后,将鼠标移到要输入汉字的位置单击,使系统进入输入状态,然后按 <Ctrl+Shift> 组合键切换输入法,或直接从语言栏中选择搜狗拼音输入法。选择搜狗拼音输入法后,会在语言栏中显示图标 S,表示已经选择了搜狗拼音输入法,出现如图 4-4 所示的小图标。

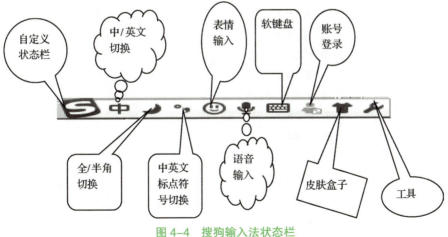

图 4-4　搜狗输入法状态栏

1. 自定义状态栏

（1）鼠标左键单击自定义状态栏，出现如图 4-5 所示的界面。勾选要用的项目前面的复选框，当复选框前面出现"√"时，表示已经选中，如果有不需要用到的，单击项目前面的复选框，"√"消失，表示已经取消。可以选择自己喜欢的颜色，通过预览可以看到输入法状态栏的样子，最后单击"确定"按钮，这样就可以拥有自定制搜狗拼音输入法的状态栏。

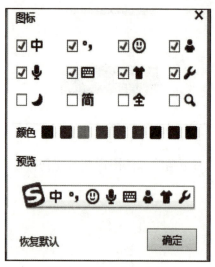

图 4-5　自定义状态栏

（2）鼠标右击自定义状态栏，弹出搜狗拼音输入法的菜单（图 4-6），在弹出的快捷菜单中可以进行搜狗拼音输入法的各种设置。

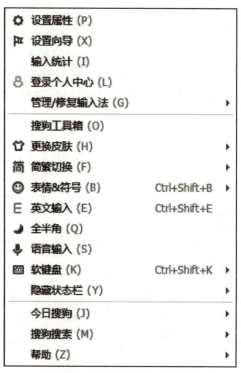

图 4-6　搜狗拼音输入法菜单

2. 中英文切换

当显示"中"时，表示的是输入中文；显示"英"时，表示的是输入英文字母。可以用以下两种方法进行切换：

①鼠标左键单击；

②按 Shift 键。

3. 全角半角切换

当显示的是 ☾，表示的是半角状态；当显示的是 ●，表示的是全角状态。可以用两种方法进行切换：

①鼠标左键单击；

② <Shift+ 空格 > 组合键。

全角和半角的对比如下：

Abcdef12345　　　　　　　半角状态

Ａｂｃｄｅｆ１２３４５　　　　　全角状态

4. 中英文标点符号切换

与中英文切换相似，中英文标点的切换也有以下两种方法：

①鼠标左键单击；

② <Ctrl+.> 组合键。

5. 软键盘

所谓的软键盘并不是指在键盘上，而是在"屏幕"上，软键盘是通过软件模拟键盘单击鼠标输入字符，可以防止木马记录键盘输入的密码。

打开软键盘的方法是：单击搜狗输入法的工具栏的键盘标志▭，显示如图 4-7 所示界面。单击所需要的字符即可。

图 4-7 软键盘

> **知识链接**

在计算机屏幕上，一个汉字要占两个英文字符的位置，人们把一个英文字符所占的位置称为"半角"，把一个汉字所占的位置称为"全角"。在汉字输入时，系统提供"半角"和"全角"两种不同的输入状态，但是英文字母、符号和数字这些通用字符不同于汉字，在半角状态它们被作为英文字符处理；而在全角状态，它们又可作为中文字符处理。半角和全角切换方法如下：单击输入法工具条上的按钮或按 <Shift+Space> 组合键进行切换。

（1）全角，是指一个字符占用两个标准字符位置。

汉字字符和规定了全角的英文字符以及《信息交换用汉字编码字符集　基本集》（GB 2312—1980）中的图形符号与特殊字符都是全角字符。一般的系统命令是不用全角字符的，只是在处理汉字时才会使用全角字符。

（2）半角，是指一字符占用一个标准的字符位置。

通常的英文字母键、数字键、符号键都为半角，半角的显示内码都是一个字节。在系统内部，上述三种字符是作为基本代码处理的，所以用户输入命令和参数时一般都使用半角。

全角与半角各在什么情况下使用？

①全角占两个字节，半角占一个字节。

②全角、半角主要是针对标点符号来说的，全角标点占两个字节，半角占一个字节，但无论是全角还是半角，汉字都要占两个字节。

③在编程序的源代码中只能使用半角标点（不包括字符串内部的数据）。

4.2.2　搜狗拼音输入法属性设置

在状态栏中选择搜狗拼音输入法，在语言栏上右击小扳手图标 ，打开该输入法设置菜单，如图 4-6 所示。通过该菜单可以设置搜狗拼音输入法属性、最近几天输入字数及输入速度、更新输入法皮肤、输入表情符号等。

下面以设置属性为例，了解搜狗拼音输入法的功能。单击菜单中的"设置属性"命令，打开如图 4-8 所示的"属性设置"窗口。例如，在"常用"窗口中可以设置输入风格、默认状态等。

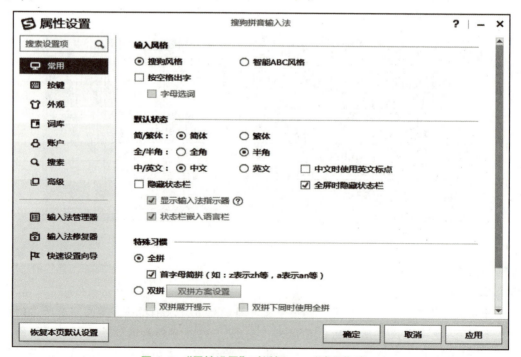

图 4-8　"属性设置"对话框——"常用"窗口

"按键"窗口可以设置中英文切换方式、候选字词及系统功能快捷键设置等,如图4-9所示。

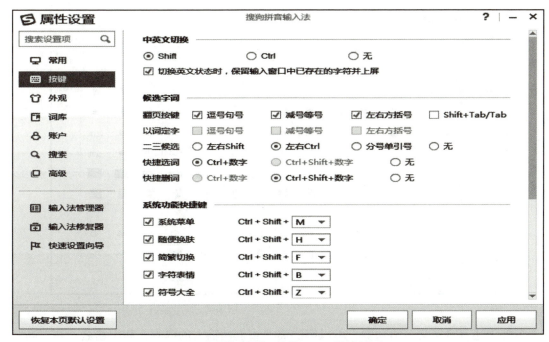

图4-9 "属性设置"对话框——"按键"窗口

在"外观"窗口中通过"候选项数"设置候选词数量,可以设置3~9个候选词,如图4-10所示。

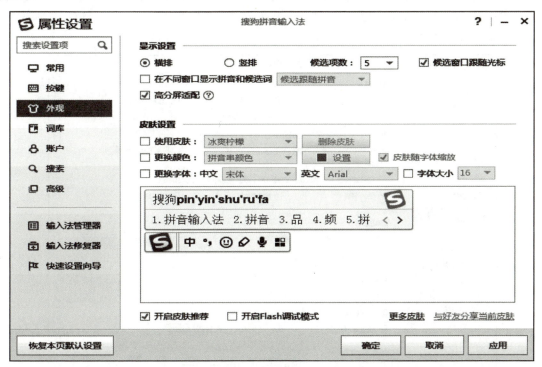

图4-10 "属性设置"对话框——"外观"窗口

如果要输入更多的符号,在键盘上按 <Ctrl+Shift+Z> 组合键,打开"符号大全"对话框,可以快速选择标点符号、数字序号、数学/单位,或者设置搜狗表情等,如图 4-11 所示。

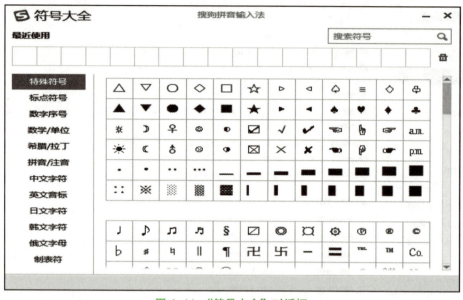

图 4-11 "符号大全"对话框

另外,还有自定义短语功能,可以解决需要重复性输入的内容,如邮箱名。在"高级"窗口中(图 4-12),单击"自定义短语设置"。在"自定义短语设置"对话框中选择"添加新定义",如图 4-13 所示。在添加自定义短语对话框中,在"缩写"文本框设置邮箱的首字母 yx,在"该条短语在候选中的位置"文本框输入"1",最后在输入文本框中输入邮箱地址,单击"确定"按钮,如图 4-14 所示。使用时在需要邮箱名时直接输入 yx 就可以出现邮箱名,如图 4-15 所示。

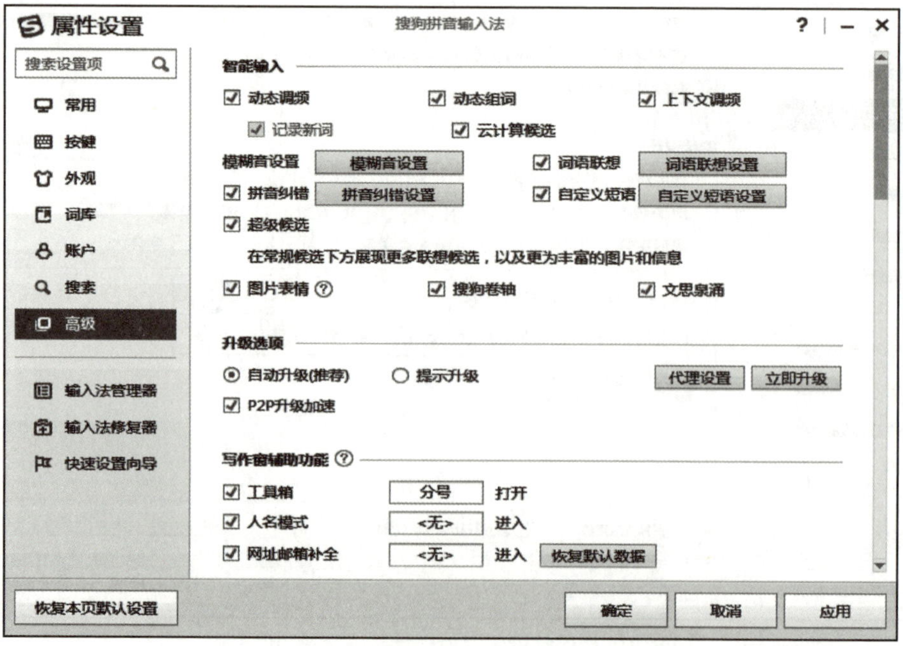

图 4-12 "属性设置"对话框——"高级"窗口

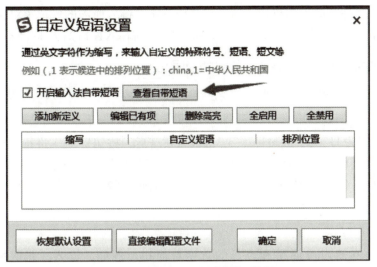

图 4-13 "自定义短语设置"对话框

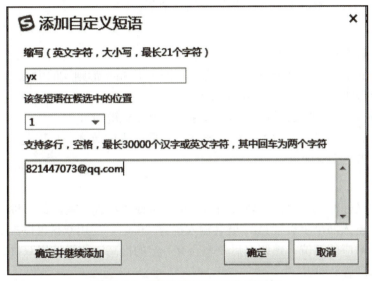

图 4-14 "添加自定义短语"对话框

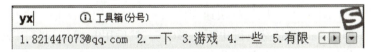

图 4-15 效果展示

随着搜狗拼音输入法版本的升级，它的功能也越来越强大，用户可以在使用过程中逐渐熟悉它的功能。

4.3 搜狗拼音输入法使用

1. 全拼输入

全拼输入是拼音输入法中最基本的输入方式，在输入窗口输入拼音即可输入。输入窗口很简洁，上面一排是所输入的拼音，下一排是候选字，键入所需的候选字对应的数字，即可输入该词。例如，"搜狗拼音"，输入 sougoupinyin，全拼输入窗口如图 4-16 所示。

图 4-16　全拼输入窗口

默认的翻页是逗号（,）或句号（.），即输入拼音后，按句号（.）进行翻页选字，相当于 PageDown 键，找到所选的字后，按下其相对应的数字键即可输入。输入法默认的翻页键还有减号（-）、等号（=）和左右方括号（[ ]），可以通过"设置属性"→"按键"→"翻页按键"进行设定。

2. 简拼输入

搜狗输入法支持声母简拼和声母的首字母简拼。例如，输入"张靓颖"，只要输入"zhly"或"zly"就可以出现"张靓颖"。同时，搜狗输入法支持简拼全拼的混合输入，如输入"srf""sruf""shrfa"都可以得到"输入法"三个字。

3. 英文的输入

切换到英文状态有以下几种方法：
（1）按下 Shift 键就切换到英文输入状态，再按一下 Shift 键则返回中文状态。
（2）鼠标单击状态栏上面的中字图标切换。
（3）按 Enter 键输入英文：输入英文，直接单击 Enter 键即可。
（4）V 模式输入英文：先输入"V"，再输入需要输入的英文，可以包含 @、+、*、/、- 等符号，然后单击空格键即可。

4. 双拼输入

双拼是用定义好的单字母代替较长的多字母韵母或声母进行输入的一种方式。例如，如果 T=t，M=ian，键入两个字母"TM"就会输入拼音"tian"。使用双拼可以减少按键次数，但是需要记忆字母对应的键位，熟练之后效率会有一定的提高。如果使用双拼，那么在"属性设置"窗口把双拼选上即可。

5. 笔画筛选输入

笔画筛选用于输入单字时，用笔顺快速定位该字。其使用方法是：输入一个字或多个字后，按下 Tab 键（即使 Tab 键是翻页键也不受影响），然后用 h 横、s 竖、p 撇、n 捺、z 折依次输入第一个字的笔顺，一直找到该字为止。退出笔画筛选模图式，只需要删掉已经输入的笔画辅助码即可。例如，笔画筛选输入定位"珍"字，输入 zhen 后，按 Tab 键，然后输入"珍"的前两笔"HH"，就可定位该字，如图 4-17 所示。

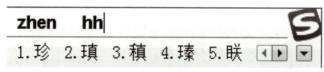

图 4-17　笔画筛选输入

6. U模式拆分输入

U模式专门为输入不会读的字所设计。按下U键后，依次输入一个字的笔顺，笔顺为h横、s竖、p撇、n捺、z折，就可以得到该字。这里的笔顺规则与普通手机上的五笔画输入是一样的，其中点也可以用d输入。例如，输入"你"字，如图4-18所示，注意竖心的笔顺是点点竖（dds），而不是竖点点。

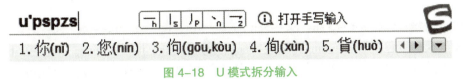

图4-18 U模式拆分输入

7. V模式输入

搜狗输入法V模式中文数字是一个功能组合，包括多种中文数字的功能。值得注意的是，它只能在全拼的状态下使用。例如，输入"v424.52"，得到"四百二十四元五角二分"或"肆佰贰拾肆元伍角贰分"，如图4-19（a）所示；输入整数数字"v12"，得到"十二""壹拾贰""XII""一二""壹贰"，如图4-19（b）所示。

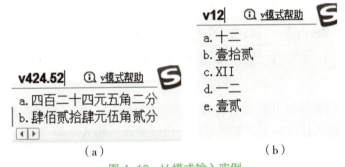

图4-19 V模式输入实例

8. 搜狗拼音输入法其他功能

（1）拆字辅助码可让用户快速地定位到一个单字，使用方法如下：

用户输入一个汉字"娴"，字的位置靠后不容易快速定位，则先输入"xian"，然后按"Tab"键，再输入"娴"的两部分"女""闲"的首字母nx，就出现"娴"字了。输入的顺序为"xian+Tab+nx"。

独体字由于不能被拆成两部分，所以独体字是没有拆字辅助码的。

（2）插入当前日期时间。"插入当前日期时间"功能可以非常方便地输入当前的系统日期、时间、星期，具体示例如下：

①输入"rq"（日期的首字母），输出系统日期"2017年12月27日"；

②输入"sj"（时间的首字母），输出系统时间"2017年12月27日 09：41：01"；

③输入"xq"（星期的首字母），输出系统星期"2017年12月27日 星期三"。

（3）网址输入模式。该模式是为网络设计的便捷功能，能够在中文输入状态下输入几乎所有的网址，然后按空格键即可。目前的规则是：

①输入以 www.、http:、ftp:、telnet:、mailto: 等开头的字母时，自动识别进入英文输入状态，后面可以输入 www.sogou.com、ftp://sogou.com 等类型的网址。

②输入邮箱时，可以输入前缀不含数字的邮箱，如 leilei@sogou.com。

（4）繁体。在自定义状态栏上右键单击出现的菜单中"简 <--> 繁"选择，即可切换繁体中文状态和简体中文状态。

（5）模糊音。模糊音是专为那些对某些音节容易混淆的用户所设计的。当启用了模糊音后，如 sh<-->s，输入"si"也可以出来"十"，输入"shi"也可以出来"四"。搜狗支持的模糊音有：

①声母模糊音包括 s <--> sh、c<-->ch、z <-->zh、l<-->n、f<-->h、r<-->l；

②韵母模糊音包括 an<-->ang、en<-->eng、in<-->ing、ian<-->iang、uan<-->uang。

（6）中英文混输。中英文混合输入时不用中英切换，直接在中文模式下就可以输出"这个好 fashion"等，如图 4-20 所示。

图 4-20　中英文同时录入

（7）天气星座查询。 只要输入"天气"二字，输入框右上角就有实时数据提醒，如图 4-21 所示，输入星座、股票名称同样适用。

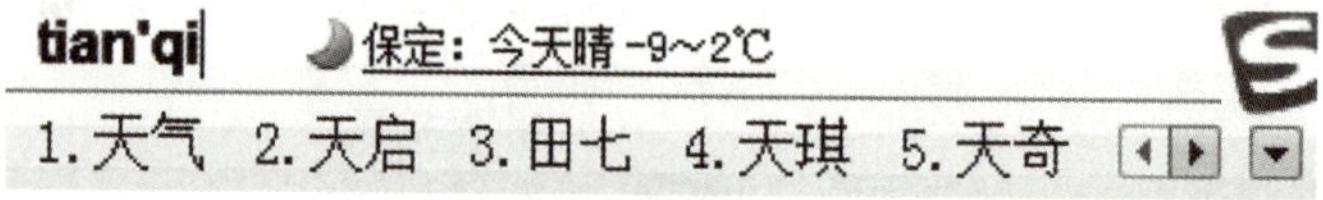

图 4-21　天气的录入

（8）英文联想功能。打开搜狗拼音输入法，按下 <Ctrl+Shift+E> 组合键就可以开启纯英文输入状态，此时输入任何一个英文字母都会出现提示，输入字母"c"，就会出现如图 4-22 所示的候选项。

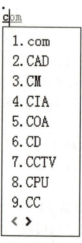

图 4-22　英文联想功能

（9）打字测速。打开"打字测速"功能有以下两种方式：

①单击搜狗拼音输入法小窗口的小扳手图标，在弹出的列表选项选择"输入统计"，如图 4-23 所示。

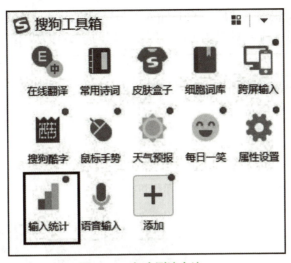

图 4-23　打字测速方法一

②单击搜狗拼音输入法小窗口的"工具箱"选项,在弹出的窗口中选择"输入统计",如图 4-24 所示。

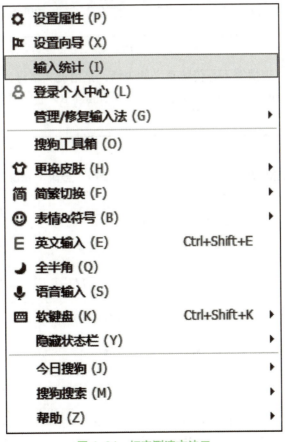

图 4-24　打字测速方法二

选择"输入统计"后,弹出如图 4-25 所示的界面。打字测速界面有四个选项卡:"累计输入"是安装搜狗拼音输入法后累积输入的数量;"输入速度"是以分钟为单位显示的当前输入速度以及历史上的最快输入速度;"今日输入"是当天输入的文字数量以及历史上每天输入的文字数量;"输入时段"显示的是当天各个时段(以两个小时为单位)输入的文字数量。

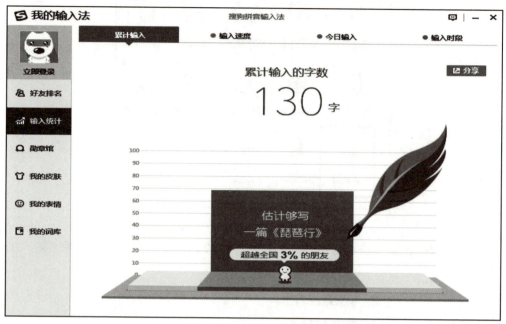

图 4-25　打字测速界面

（10）表情符输入。表情符不是传统意义的表情，是由英文字母、数学符号及其他符号组成的类似表情。在搜狗拼音输入法中，按下 <Ctrl + Shift + B> 组合键会弹出搜狗表情符列表，如图 4-26 所示。

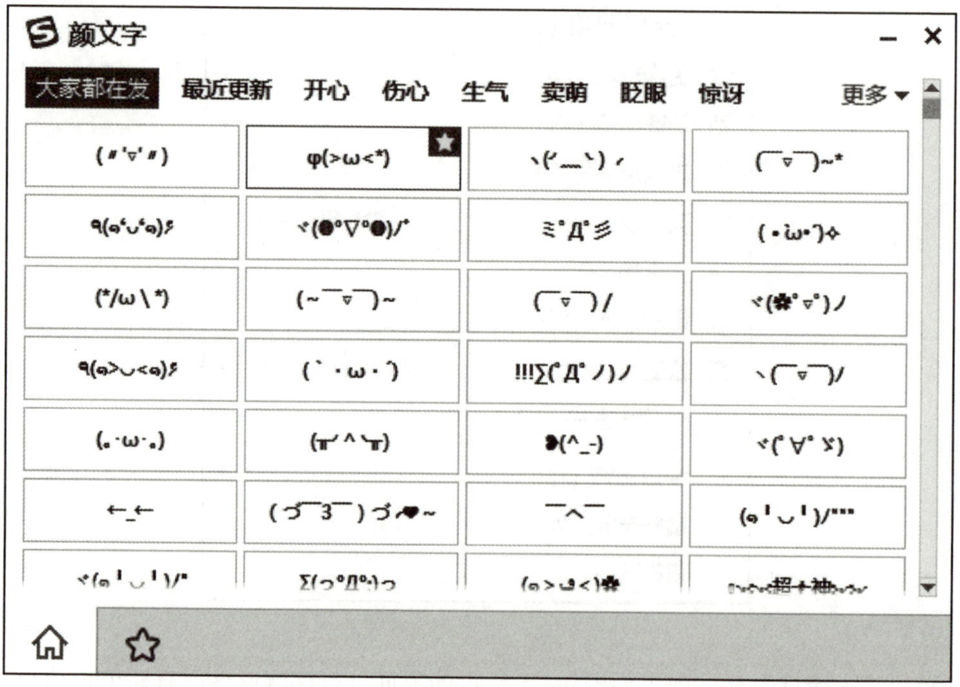

图 4-26　表情符输入

（11）长句联想。"长句联想"功能是指在输入前几个字之后，通过云计算自动输出用户之后可能会用到的语句，这种情况比较常用于古诗词、谚语以及用户历史常用语。例如，输入"rensheng"，单击三角箭头▶，就会出现联想出的句子，如图 4-27 所示。

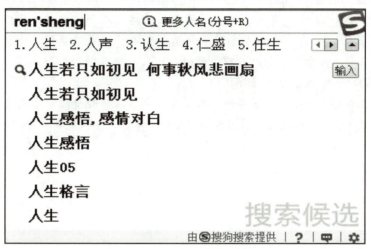

图 4-27　长句联想实例

（12）常用快捷键。在搜狗拼音输入法中，常用的快捷键有 <Ctrl+ 空格 >（输入法切换）、<Ctrl+Shift+F>（繁体输入）、<Ctrl+Shift+B>（表情符）、<Ctrl+Shift+E>（英文输入）、<Ctrl+Shift+K>（软键盘）、<Ctrl+Shift+Z>（特殊符号）。

（13）常用符号输入。在搜狗输入法中，常用符号包括表情符和常用符。表情符在上文已经进行过介绍，在此不再赘述。常用符是指"√""×"等符号，只需要打出该字符的拼音即可。例如，"√"符号只需要拼写"dui"，选项中就会有"√"符号，如图 4-28 所示。

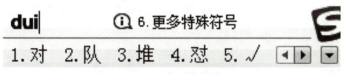

图 4-28　常用符号输入

（14）节日天气查询。在搜狗拼音输入法的输入框中，输入节日名字就可以显示该节日所在的阳历时间；输入天气可以显示当地的天气状况，该功能还适用于星座、股票、节气等，其结果都会在输入框的右上角显示。例如，输入"春节"和"北京天气"，出现如图 4-29 所示的结果。

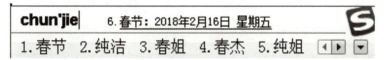

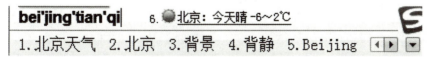

图 4-29　节日天气查询实例

【活动】

（1）用搜狗拼音输入法输入二字词组：

计算　程度　技术　经济　安全　汉字　微机　小心　绚丽　信封　物理　修复　压强　迅速　上海　教授　消除　泄漏　薪水　性格　汹涌　宣传　休假　备注　驯服　厌恶　荒凉　蓄谋　严重　要点　序列　邪恶　香港　记录　显然　系统　管理　要点　相识　绪言　需求　方向　写作　处理　删除

（2）用搜狗拼音输入法输入多字词组：

计算机　组织部　天安门　国务院　自动化　年轻人　现阶段　马克思　中小学　科学技术　知识分子　数据处理　莫名其妙　振兴中华　中华人民共和国　中国共产党

5 综合录入训练

- ■ 英文录入实训
- ■ 中文录入实训
- ■ 听打练习

学习目标：

➡ 知识目标：1. 熟悉标点符号，以及数字全角/半角转换。
　　　　　　2. 熟练掌握英文、数字及中文录入方法，通过反复练习提高录入速度。
　　　　　　3. 能够完成简单的听打训练。

➡ 能力目标：1. 能够熟练英文、数字及中文录入方法。
　　　　　　2. 能够达到中文60字/分，英文200字/分，出错率控制在3‰。

➡ 素养目标：1. 培养诚实守信、善于沟通的能力。
　　　　　　2. 具有水滴石穿的匠人精神。

随着信息技术的飞速发展，计算机文字录入这一技能在各行各业得到越来越普遍的应用。本章主要是为了通过练习进一步掌握中英文录入的基本规则，从而使知识可以转化为技能，这样才能熟能生巧、水到渠成。

1. 准确是不可动摇的前提

打字是一种技能，并不是所有人都可以达到飞速按键的状态。对于大部分人来说，达到每分钟200字的速度不是高不可攀，但是将出错率控制在3‰却很困难，所以要强调提高速度应建立在准确的基础上，急于求成欲速则不达。

2. 提高按键频率

在训练中会经常纠正初学者的按键方法，反复强调要单击不要按键。物理课讲过"弹性碰撞"，去得快回来也快，提倡瞬间发力就是这个道理。手指对键的冲击力劲要合适，速度也要快，而按键只是手指在机械地使劲，既没有足够的后劲又没有弹性。正确的按键动作从分指法阶段就应养成。在练习过程中通常选择长度相同的单字，并做适当的配乐练习，目的是感觉打字过程中的内在节奏，以按键动作仿效弹琴并创造一种氛围。

提高速度的好办法是将一篇打字稿反复录入，如100个常用单词，第一遍5 min完成，再练几遍可能3 min就可以完成，几天以后再练习时发现不到2 min就可以完成，这就是技能训练的特点。提高按键频率要训练眼、脑、手之间信号传递的速度，它们之间的时间差越小越好，眼睛看到一个字母马上传给大脑然后到手，这时眼睛仍要不停顿地向后面的字母飞快扫描。

3. 加强紧迫感

打字需要艰苦训练，并克服惰性，速度与质量的要求对每个人都是一种挑战，在打字过程中要专心，要有紧迫感，既要稳重，也要有竞争意识。

4. 利用教学软件

有些英文打字软件可以自动跟踪训练过程，在检查错误的同时可以报告出错率，计算速度的同时也能汇报成绩，甚至列出最新排行榜。在冲击速度时，有些游戏可以刺激兴趣，避免枯燥，这些游戏在设计时已经将出错率控制在一定的比例范围内，一般是3‰左右，错字多打得再快也过不了关。

5.1 英文录入实训

实训要求

首先,看屏幕练习,在对键盘熟悉并能够实现盲打、速度较快后,逐步转向看稿练习,看稿输入时,如果有害怕自己打错而看屏幕的习惯,希望尽量做到用眼睛的余光看屏幕,基本上做到只看稿子打字。

实训目标

看屏幕:中级 140 字符 / 分钟,高级 200 字符 / 分钟。
看稿:初级 70 字符 / 分钟,中级 100 字符 / 分钟,高级 160 字符 / 分钟。

练习 1:英文短文练习

(1)利用金山打字通"英文打字"模块的第三关"文章练习"对英文文章进行练习,然后对练习时间进行限时,最后在规定的时间内完成训练。在练习过程中,要坚持按标准的键位指法按键。

步骤 1:在"文章练习"界面"课程选择"下拉列表框中选择英文文章,如图 5-1 所示。

步骤 2:在"课程选择"下拉列表框下,勾选"限时"复选框,并在后面的文本框中录入"5"分钟限制时间。

步骤 3:将短文录入完成后,查看正确率。

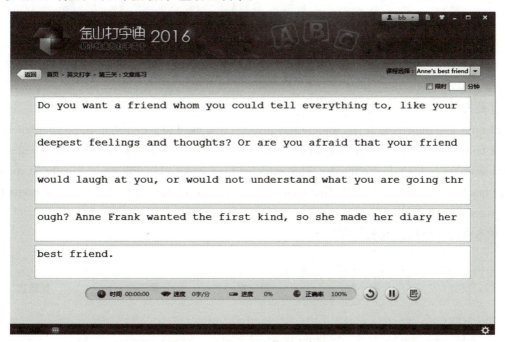

图 5-1 金山打字通英文文章练习

(2)在记事本中录入英文文章,要求录入过程中严格按照正确的键位指法进行盲打操作,限制时间,要求正确率达 100%。

①英文短文1。

Ipv6 packets will be tunneled across the Ipv4 edge and core using the base transition mechanism（RFC 2893）at first, which are configured Ipv6 over Ipv4 tunnels. In 2002 more elegant transition mechanisms will begin to appear in the next production releases of Ipv6 products. These additional mechanisms will permit more automated procedures for moving packets across the Ipv4 edge and core using tunnels to move Ipv6 packets end-to-end between enterprise organizations and applications.

录入练习完毕后，成绩见表5-1。

表5-1　成绩表（一）

练习次数	第一次	第二次	第三次	第四次
录入时间				

②英文短文2。

As this hobby is quite different from others, we should therefore, need to work out a plan to make the hobby more practical. To me, this hobby requires faith, action and patience. Let's talk about faith first.I trust you all agree with me that confidence and faith on ourselves should be the first step when you start our journey. This is more like "love-taking". If you don't think you can fall in love with a boy or a girl, what's the point to try it. After all, you are just wasting your time. Now, once you have the confidence, the trust.

录入练习完毕后，成绩见表5-2。

表5-2　成绩表（二）

练习次数	第一次	第二次	第三次	第四次
录入时间				

③英文短文3。

Sleep is also important. If you want to stay healthy, you need to get enough sleep. Your hotel room may be noisy, or the bed may be too hard. Or you may want to stay out late at night. Then you should plan to sleep for an hour during the day. That extra hour can make a big difference. Finally, if you want to stay healthy, you must eat well. That means eating the right kinds of food. Your body needs fresh fruit, vegetables, meat, milk and cheese.

录入练习完毕后，成绩见表5-3。

表5-3　成绩表（三）

练习次数	第一次	第二次	第三次	第四次
录入时间				

④英文短文4。

Two of the hardest things to accomplish in this world are to acquire wealth by honest effort and, having gained it, to learn how to use it properly. Recently I walked into the locker room of a rather well-known golf club after finishing a round. It was in the late afternoon and most of the members had left for their homes. But a half-dozen or so men past middle age were still seated at tables talking aimlessly and drinking more than was good for them. These same men can be found there day after day and, strangely enough, each one of these men had been a man of affairs and wealth, successful in business and respected in the community.

录入练习完毕后，成绩见表5-4。

表5-4 成绩表（四）

练习次数	第一次	第二次	第三次	第四次
录入时间				

练习2：英文文章录入

在记事本中录入英文文章，要求录入过程中严格按照正确的键位指法进行盲打操作，限制时间，正确率达100%。

①英文文章1。

The BRICS cooperation mechanism has developed a multi-tier, systemic set of institutions that is yielding remarkable progress in key areas, and it could now speak as one voice in the global arena on behalf of emerging markets and developing countries, experts said.

They made the observation as the leaders of the five member states — Brazil, Russia, India, China and South Africa — will convene virtually on Thursday for the 14th BRICS Summit.

Zhu Jiejin, a professor at Fudan University's School of International Relations and Public Affairs, said that "one of the milestones" in the progress made by BRICS over the past 16 years is the establishment of its New Development Bank and its emergency reserve.

Following its opening in Shanghai in 2015, the bank expanded its membership for the first time last September to include the United Arab Emirates, Uruguay and Bangladesh.

"This symbolizes a major step in the bank marching toward becoming an international multilateral development bank, and it will offer financial support to more emerging markets and developing countries boosting their say and influence in the global financial system," Zhu said.

Ren Lin, head of the Department of Global Governance at the Chinese Academy of Social Sciences' Institute of World Economics and Politics, said the BRICS countries have established a collaboration system with a wide spectrum and multiple levels, and it "has made remarkable progress in several critical areas concerning the reform of the global governance system".

In terms of development, the BRICS countries are deepening collaboration in areas such as fulfilling the United Nations 2030 Sustainable Development Agenda, tackling climate change and advancing green development, she said.

录入练习完毕后，成绩见表5-5。

表5-5 成绩表（五）

练习次数	第一次	第二次	第三次	第四次
录入时间				

②英文文章 2。

"And in the area of security, the BRICS nations have made their coordination and contacts even closer and mutually respect sovereignty, security and development interests," she said.

Ren highlighted the synergy of BRICS' different cooperative agenda items, such as the link between its financing function and sustainable development projects.

"BRICS' New Development Bank will offer \$30 billion in financing over the next five years for member states, and 40 percent of the funding will be used in easing climate change," she noted.

Chen Fengying, an economist and former director of the Institute of World Economic Studies at the China Institutes of Contemporary International Relations, said the BRICS cooperation mechanism, now led by the annual summit, includes affiliated events such as the annual meetings of foreign ministers, trade representatives, think tanks and forums, forming a well-organized architecture of institutions.

"The mechanism has become a powerful platform for emerging market countries and developing countries to consolidate their consensus and speak out as one voice," Chen said.

In particular, this mechanism could still function properly even if there were some disagreements among certain members, and they always honor the spirit of inclusiveness, openness and mutual benefit, "drawing a sharp contrast to some cliques pursued by some countries that are based on ideology and hegemony", she said.

录入练习完毕后,成绩见表 5-6。

表 5-6 成绩表(六)

练习次数	第一次	第二次	第三次	第四次
录入时间				

③英文文章 3。

JFuture tasks

In the midst of the lingering COVID-19 pandemic, inflation, supply chain disruptions and impulses to counter globalization, BRICS should strengthen its cooperation, boost its resilience, develop emerging sectors and counter policy risks brought by other countries, observers said.

Chen said the BRICS nations should further reinforce the New Development Bank, build up its emergency reserve and do more to bolster developing countries' financial resilience.

"Also, the five countries should work even closer in cutting-edge areas such as the digital economy and AI-driven production, join hands to secure the safety of production chains and supply chains, closely track global inflation, coordinate macroeconomic policy and tackle post-pandemic recovery," she added.

Feng Xingke, secretary-general of the World Finance Forum and director of the Center for BRICS and Global Governance, said the BRICS nations should strive for a greater role in global financial governance reform and seek more voting rights and a greater say in key institutions such as the International Monetary Fund.

"To avoid possible sanctions imposed by some Western countries and boost their immunity against external risks, the BRICS nations should seek more local currency settlement among them in the context of international economic cooperation. They could also consider establishing a cross-border payment clearance system to boost their cross-border financing, investment and trade," Feng said.

录入练习完毕后，成绩见表5-7。

表5-7　成绩表（七）

练习次数	第一次	第二次	第三次	第四次
录入时间				

④英文文章4。

Hu Biliang, an economics professor and executive dean of the Belt and Road School at Beijing Normal University, said future BRICS cooperation should be aimed at greater quality, and it should take the opportunities offered by digital technologies and the Fourth Industrial Revolution.

"Only a greater quality of their cooperation could make it possible to effectively advance the United Nations 2030 Sustainable Development Agenda and better translate into reality the China-proposed Global Development Initiative," he said.

Zhu, the Fudan University professor, said the BRICS nations could take the lead in prompting developed countries to fulfill their commitment to offer more funds, technologies for developing countries and facilitate their capacity buildups.

"Given the huge impact of sanctions imposed by Western countries on developing countries, the BRICS nations could and should speak out loud for the developing countries and safeguard their common interests and future space for development," Zhu added.

录入练习完毕后，成绩见表5-8。

表5-8　成绩表（八）

练习次数	第一次	第二次	第三次	第四次
录入时间				

5.2　中文录入实训

实训要求

先看屏幕练习，对键盘熟悉并能实现盲打、速度较快后，逐步转向看稿练习，看稿输入时，如果有害怕自己打错而看屏幕的习惯，希望尽量做到用眼睛的余光看屏幕，做到可以只看稿子打字。

实训目标

看屏幕：中级60字符/分钟，高级90字符/分钟。
看稿：初级25字符/分钟，中级40字符/分钟，高级60字符/分钟。

1. 使用金山打字通进行练习

利用金山打字通"五笔打字"模块的第六关"文章练习",然后对练习时间进行限时,最后在规定的时间内完成训练。在练习过程中,要坚持按标准的键位指法按键。

步骤1:在"文章练习"界面,打开"课程选择"下拉列表框并选择文章,如图5-2所示。

步骤2:在"课程选择"下拉列表框下方,勾选"限时"复选框,并在后面的文本框中录入"5"分钟限制时间。

步骤3:将文章录入完成后,查看正确率。

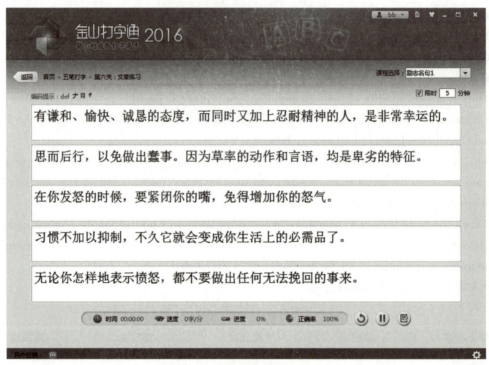

图5-2　金山打字通文章练习

2. 记事本录入文章练习

要求录入过程中严格按照正确的键位指法进行盲打操作,限制时间,要求正确率达100%。

(1)古诗词录入练习。录入练习完毕后,成绩见表5-9和表5-10。

七步诗

曹植

煮豆燃豆萁,豆在釜中泣。
本是同根生,相煎何太急?

表5-9　成绩表(九)

练习次数	输入法	成绩(字/分钟)	正确率
第一次	五笔字形输入法		
第二次	拼音输入法		

关雎

关关雎鸠，在河之洲。窈窕淑女，君子好逑。
参差荇菜，左右流之。窈窕淑女，寤寐求之。
求之不得，寤寐思服。悠哉悠哉，辗转反侧。
参差荇菜，左右采之。窈窕淑女，琴瑟友之。
参差荇菜，左右芼之。窈窕淑女，钟鼓乐之。

表 5-10　成绩表（十）

练习次数	输入法	成绩（字/分钟）	正确率
第一次	五笔字形输入法		
第二次	拼音输入法		

（2）散文类文章练习。

文章 1

我藏不住秘密，也藏不住忧伤
余秋雨

　　我藏不住秘密，也藏不住忧伤，正如我藏不住爱你的喜悦，藏不住分离时的彷徨。我就是这样坦然，你舍得伤，就伤。

　　如果有一天，你要离开我，我不会留你，我知道你有你的理由；如果有一天，你说还爱我，我会告诉你，其实我一直在等你；如果有一天，我们擦肩而过，我会停住脚步，凝视你远去的背影，告诉自己那个人我曾经爱过。或许人一生可以爱很多次，然而总有一个人可以让我们笑得最灿烂，哭得最透彻，想得最深切。

　　炊烟起了，我在门口等你。夕阳下了，我在山边等你。叶子黄了，我在树下等你。月儿弯了，我在十五等你。细雨来了，我在伞下等你。流水冻了，我在河畔等你。生命累了，我在天堂等你。我们老了，我在来生等你。能厮守到老的，不只是爱情，还有责任和习惯。

　　永远也不要记恨一个男人，毕竟当初，他曾爱过你，疼过你，给过你幸福。永远不要说这个世界上再也没有好男人了，或许明天，你就会遇到爱你的那个男人，在你眼里，他再坏也是好。

　　每个人都有一个死角，自己走不出来，别人也闯不进去。我把最深沉的秘密放在那里。你不懂我，我不怪你。每个人都有一道伤口，或深或浅……我把最殷红的鲜血涂在那里。你不懂我，我不怪你。每个人都有一行眼泪，喝下的冰冷的水，酝酿成的热泪。我把最心酸的委屈汇在那里。你不懂我，我不怪你。

　　假如你想要一件东西，就放它走。它若能回来找你，就永远属于你；它若不回来，那根本就不是你的。如果真的有一天，某个回不来的人消失了，某个离不开的人离开了，也没关系。时间会把最正确的人带到你的身边，在此之前，你所要做的，是好好地照顾自己。

　　无论生活得多么艰难，最后你总会找到一个让你心甘情愿傻傻相伴的人。

　　你可以沉默不语，不管我的着急；你可以不回信息，不顾我的焦虑；你可以将我的关心，说成让你烦躁的原因；你可以把我的思念，丢在角落不屑一顾。你可以对着其他人微笑，你可以给别人拥抱，你可以对全世界好，却忘了我一直的伤心。你不过是仗着我喜欢你，而那，却是唯一让我变得卑微的原因。

如果，在身边的最后真的不是你。如果经历了那么多坎坷辗转后，最终还是要分开。如果故事到最后，是我们的身边都有了别的人。如果回忆，诺言和曾经相爱的决心都在现实面前变得渺小，不堪一击。不管以后如何，不管结局如何。现在的我还是愿意执着的去爱。我们一起等我们的最后，最后的最后。

录入练习完毕后，成绩见表5-11。

表5-11 成绩表（十一）

练习次数	输入法	成绩（字/分钟）	正确率
第一次	五笔字形输入法		
第二次	拼音输入法		

文章2

心若向阳，处处皆自由

何谓自由？鸟儿翱翔于九霄之上，花儿摇曳在微风中，蒲公英随意飘散，动物在田野间欢脱奔跑。似乎万物生来都有所束缚，却也有其自由之处。我们穷尽一生所追求的自由，其实就体现在生活的方方面面，只是我们太执着于无法实现的绝对的自由，所以才在心理上将自己禁锢。时间一久，我们就愈发觉得自己活得不自由。

红尘事难断，我们不会永远无拘无束。相反，我们时刻被琐事所缠。之于我们，只能尽己所能寻求片刻的自由，须臾的旷达。自由的实现说简单也很简单，看透俗事，明白世间一切不可强求，自然活的就没有那么累。

时常会觉得自己的生活一片荫翳，好像连欢快的沐浴阳光都是一种奢侈。想要一身清闲的去享受生活时，总会遇到各种事情的烦扰，但心情好的时候却已不记得要去欣赏景致，放飞自我。时间过得太快，我已经没有当初的心境，那时候没有大的野心，不深究人情世故，何事既不深思熟虑未雨绸缪，也不瞻前顾后，既来之则安之，自然没有烦恼可言。而今，似乎什么都无法完全将之抛却，琐事缠绕在我身边，忧思总在脑中一刻不休，再没有精力去追求所谓的自由。岁月一去不回头，我的自由，也随之被忘却于时光深处。于是，再无自由可言。

我就如同被困于俗世牢笼做着困兽之斗的鸟儿，就如被现实荆棘所禁锢无法随风四散的蒲公英。说到底，我只是一个无法不为情所困的俗人，无法抵御流年的匆匆脚步，控制不了自以为是的少年老成被粗略定义。

可我从未放弃追求自由，那颗自由之心还未停止跳动。它昭示着生活依旧继续，体会不到自由存在的人没有资格获得幸福。幸福是自己争取的，片刻的自由是幸福的前提。我们只有时刻保持一颗自由之心，不被现实所击败，才有机会防御负面情绪的侵袭。

繁花盛绽，我们走在花海里，深吸一口气，满腔芬芳何尝不是一种自由？百鸟争鸣，我们徜徉在悦耳的歌声里，隔绝世界喧嚣，何尝不是一种自由？微风轻拂，我们被温柔的触感包围，闭上眼睛，风轻轻吹起你的发，何尝不是一种自由？劳累一天回到家里，舒服地躺在自己柔软的床上，鼻翼间是熟悉的菜香，这何尝不是一种自由？

自由无处不在，就看你如何对待生活，如何把握欢愉，如何安置自己的心情，短暂的快乐是为自由，须臾的舒适亦为自由，脱离阴郁的苦海同为自由。自由就在那里，你悲或喜，决定了它的到来与否。放下时常猖狂的小情绪，心若向阳，自由，自会降临你身边。

录入练习完毕后，成绩见表5-12。

表 5-12 成绩表（十二）

练习次数	输入法	成绩（字/分钟）	正确率
第一次	五笔字形输入法		
第二次	拼音输入法		

（3）时政类文章练习。

习近平对职业教育工作作出重要指示

新华社北京4月13日电 中共中央总书记、国家主席、中央军委主席习近平近日对职业教育工作作出重要指示强调，在全面建设社会主义现代化国家新征程中，职业教育前途广阔、大有可为。要坚持党的领导，坚持正确办学方向，坚持立德树人，优化职业教育类型定位，深化产教融合、校企合作，深入推进育人方式、办学模式、管理体制、保障机制改革，稳步发展职业本科教育，建设一批高水平职业院校和专业，推动职普融通，增强职业教育适应性，加快构建现代职业教育体系，培养更多高素质技术技能人才、能工巧匠、大国工匠。各级党委和政府要加大制度创新、政策供给、投入力度，弘扬工匠精神，提高技术技能人才社会地位，为全面建设社会主义现代化国家、实现中华民族伟大复兴的中国梦提供有力人才和技能支撑。

中共中央政治局常委、国务院总理李克强作出批示指出，职业教育是培养技术技能人才、促进就业创业创新、推动中国制造和服务上水平的重要基础。近些年来，各地区各相关部门认真贯彻党中央、国务院决策部署，推动职业教育发展取得显著成绩。要坚持以习近平新时代中国特色社会主义思想为指导，着眼服务国家现代化建设、推动高质量发展，着力推进改革创新，借鉴先进经验，努力建设高水平、高层次的技术技能人才培养体系。要瞄准技术变革和产业优化升级的方向，推进产教融合、校企合作，吸引更多青年接受职业技能教育，促进教育链、人才链与产业链、创新链有效衔接。加强职业学校师资队伍和办学条件建设，优化完善教材和教学方式，探索中国特色学徒制，注重学生工匠精神和精益求精习惯的养成，努力培养数以亿计的高素质技术技能人才，为全面建设社会主义现代化国家提供坚实的支撑。

全国职业教育大会4月12日至13日在京召开，会上传达了习近平重要指示和李克强批示。中共中央政治局委员、国务院副总理孙春兰出席会议并讲话。她指出，要深入贯彻习近平总书记关于职业教育的重要指示，落实李克强总理批示要求，坚持立德树人，优化类型定位，加快构建现代职业教育体系。要一体化设计中职、高职、本科职业教育培养体系，深化"三教"改革，"岗课赛证"综合育人，提升教育质量。要健全多元办学格局，细化产教融合、校企合作政策，探索符合职业教育特点的评价办法。各地各部门要加大保障力度，提高技术技能人才待遇，畅通职业发展通道，增强职业教育认可度和吸引力。

（资料来源：《"学习强国"学习平台：习近平对职业教育工作作出重要指示》2021-04-13，有删改）

录入练习完毕后，成绩见表5-13。

表 5-13 成绩表（十三）

练习次数	输入法	成绩（字/分钟）	正确率
第一次	五笔字形输入法		
第二次	拼音输入法		

（4）人物类文章练习

"我反复阅读学习习近平总书记给'中国好人'、安徽黄山风景区工作人员李培生、胡晓春的重要回信，感到每句话都说到了心坎上，非常亲切、非常温暖，让人无比感动、无比激动。"安徽省阜阳师范大学马克思主义学院党委书记高思杰说。眼下，他正在策划思政课教师入职培训，各项工作有条不紊地向前推进。

2008年11月，高思杰当选"中国好人"，2015年12月又被中宣部授予"时代楷模"称号。他在阜阳电视系统从事一线采访报道工作21年，曾驻守抗击"非典"定点医院、病房40天，10多次全程参加淮河特大洪水、洪峰抗洪抢险报道，连续21年报道春运、20个大年夜在火车站采访，成长为党和人民信赖的新闻工作者。

"荣誉只能代表过去。我要发挥好榜样作用，积极传播真善美、传递正能量，带动更多身边人向上向善。"高思杰说。2018年，怀揣着培养更多优秀新闻人才的心愿，他来到当时的阜阳师范学院（现阜阳师范大学）文学院新闻系当老师。平日里，高思杰带领师生和社会志愿者团队走进新时代文明实践中心（所、站），开展各类志愿服务活动，奉献自己的光和热。

在回信中，习近平总书记指出，"中国好人"最可贵的地方就是在平凡工作中创造不平凡的业绩。从新闻现场到大学课堂，高思杰奔跑的脚步从未停歇。他带领学生赴淮河王家坝、阜阳火车站等地开展实训教学，采用"理论＋实践""课堂＋现场"教学方式，在平凡的岗位上努力奋斗。

2020年，高思杰调到马克思主义学院从事党务工作后，迅速凝练"12345思政课提升工程"，开展系列"党建＋发展"特色活动，成立全国首家"时代楷模宣传研究中心"，带领师生开展学术研究、理论宣讲、志愿服务。他还捐赠10万元在阜阳师范大学设立"思杰特别助学金"，资助400名党团员、青年宣讲团成员、抗疫校园保洁志愿者等大中学生。

"今后，我将谨记习近平总书记给'中国好人'重要回信中提出的殷切期望，深入学习践行习近平新时代中国特色社会主义思想，立足高校马克思主义学院，发挥模范带头作用，走进城乡社区，宣讲党的创新理论，开展理想信念教育，积极奉献社会。"高思杰表示。

（资料来源：《安徽学习平台：积极奉献社会——访时代楷模高思杰》2022-08-16）

录入练习完毕后，成绩见5-14。

表 5-14 成绩表（十四）

练习次数	输入法	成绩（字/分钟）	正确率
第一次	五笔字形输入法		
第二次	拼音输入法		

（5）科技类文章练习。

冰上项目设施对制冰技术要求很高。国家速滑馆不仅硬件世界一流，制冰技术也世界领先，实现了低碳化、零排放。要发挥好这一项目的技术集成示范效应，加大技术转化和推广应用力度，为推动经济社会发展全面绿色转型、实现碳达峰碳中和作出贡献。

习近平2022年1月4日在北京考察2022年冬奥会、冬残奥会筹办备赛工作时的讲话。

当今世界，科技在竞技体育中的作用越来越突出。建设体育强国，必须实现高水平的体育科技自立自强。要综合多学科、跨学科的力量，统筹推进技术研发和技术转化，为我国竞技体育实现更大突破提供有力支撑。

习近平2022年1月4日在北京考察2022年冬奥会、冬残奥会筹办备赛工作时的讲话。

二七厂冰雪项目训练基地肩负着我国冰雪运动科技研发的重要使命。希望你们担当使命、勇攀高峰，为加快发展我国冰雪运动作出更大贡献。

习近平2022年1月4日在北京考察2022年冬奥会、冬残奥会筹办备赛工作时的讲话。

要夯实国内能源生产基础，保障煤炭供应安全，保持原油、天然气产能稳定增长，加强煤气油储备能力建设，推进先进储能技术规模化应用。要把促进新能源和清洁能源发展放在更加突出的位置，积极有序发展光能源、硅能源、氢能源、可再生能源。要推动能源技术与现代信息、新材料和先进制造技术深度融合，探索能源生产和消费新模式。要加快发展有规模有效益的风能、太阳能、生物质能、地热能、海洋能、氢能等新能源，统筹水电开发和生态保护，积极安全有序发展核电。

习近平2022年1月24日在十九届中央政治局第三十六次集体学习时的讲话。

要紧紧抓住新一轮科技革命和产业变革的机遇，推动互联网、大数据、人工智能、第五代移动通信（5G）等新兴技术与绿色低碳产业深度融合，建设绿色制造体系和服务体系，提高绿色低碳产业在经济总量中的比重。要严把新上项目的碳排放关，坚决遏制高耗能、高排放、低水平项目盲目发展。要下大气力推动钢铁、有色、石化、化工、建材等传统产业优化升级，加快工业领域低碳工艺革新和数字化转型。

习近平2022年1月24日在十九届中央政治局第三十六次集体学习时的讲话。

（资料来源：《"学习强国"学习平台：习近平论科技创新（2022年）》2022-08-23）

文章录入练习成绩见表5-15。

表5-15 成绩表（十五）

练习次数	输入法	成绩（字/min）	正确率
第一次	五笔字形输入法		
第二次	拼音输入法		

（6）论文类文章练习。

近年来由于国家政策的扶持，职业学校数量日益增加，招生规模不断扩大，教育质量问题给人们带来不少担忧。回顾西方国家职业教育的发展历程，许多西方国家高等教育的发展经历了"数量增长—质量下降—控制数量—提高质量"的发展过程。目前，相当多的职业学校教育资源匮乏，办学条件落后，无法确保教学质量。对于学校而言，教学质量是其生存和发展的根本，通过科学的教学质量评价，能够有效保证教学质量，因此，社会各界十分重视教学质量评价。高职教育教学质量监控与评价体系是通过监控与评价的主体采用一定的运行机制和标准作用于客体，然后收集所产生的各种信息，全面评价教学工作、诊断与更正教学过程的偏差等活动，从而改进教学工作，最终实现高职教育教学质量提升的结构系统。

1. 教学质量监控与评价存在的问题

目前,国内各类院校进行教学质量监控和评价通常是通过学生评价、督导专家评价、同行评价、管理者评价和教师评价等几种形式进行的,这种监控和评价方式在一定程度上发挥了质量控制的重要作用,但其效果还不够理想。

1.1 欠缺对体系理论的研究

理论是实践的先导,构建职业教育教学质量监控与评价体系,必须建立在大量、充分的理论基础之上,如体系架构、环节设置、实施部门、评价标准及反馈处理等均需要反复论证,认真思考研究。然而,目前国内职业教育教学质量监控与评价体系大都来源于高等教育,关于职业教育教学评价的理论研究并不多见。如果长期缺乏对其进行深入的理论研究,评价体系很可能由于缺乏理论支撑而存在一些不合理的因素,进而直接影响监控和评价效果。

1.2 注重"教",轻视"学"

目前的职业教育过于注重"教"的方面,而轻视"学"的方面。因此,导致现行教学评价模式的重点就成了评价教师的"教",评价指标过多地关注了老师教的过程,即使有对学生的评价,其目的也都是评价教师服务,缺少学生对于教学的主观感受,以及学生对于"学"的反思和评价。重视学生学习的结果,忽视学习的过程;重视学生被动接受,忽视发现创新。这种只追求结果而轻视过程的做法,会束缚学生的思维,影响他们的创新。结合职业教育的特点,应该更新教学理念,更加注重教学过程的优化,强调学生的主体地位,重视学习过程,培养学生自主的探究学习能力,培养学生独立自主的学习能力和思考能力。判断一堂课是否是好课的标准应该是学生是否从中学到了东西,学生的知识和能力是否得到了提升,学生的素质是否得到了提高。

1.3 注重终结性评价,忽视过程性评价

对学生的评价,现阶段多数职业院校采取的是静态的一次性操作方式,通常的方式是在课程结束和学期结束时,给各个学生一个百分等级分数,作为学生该课程的学习成绩。这种评价方式只考虑到了结果,缺乏对学生发现问题、分析问题及解决问题过程的评价,不利于学生综合素质和能力的提升。应该更新评价理念、评价方法与手段以及评价实施过程,利用过程性评价与终结性评价相结合的评价方法,强调在课堂教学中,更加注重学生个性的发展,鼓励学生发展自身的兴趣和爱好,尽量激发学生的发展潜力,使学生更加了解自己。

2. 教学质量监控与评价体系的思考

随着职业教育教学改革的不断深入,必须运用科学的评价方法,采用合理的评价手段,基于广泛的支持和参与构建教学质量评价体系。

2.1 统筹发展性

教学质量监控和评价只是院校的手段,并不是目的。院校应采取有效措施尽量满足教师的发展需求,将教师的工作热情和积极性调动起来,使教师真正投入自身岗位中。以促进教师专业和能力发展为目的,以实现学校的教学目标为导向,充分促进学生的个性发展。对学生的评价不应仅仅关注眼前,更应该考虑未来发展,帮助学生找到自己的优劣势,使其更加了解自己,提升其综合实力。

2.2 注重全面性

教学评价应包含教师的"教"与学生的"学"两方面。课堂教学中,教师是组织者、促进者、开发者、研究者,学生应自觉学习、独立思考。因此,必须转变传统的教育观念,这就要求职业学校的课堂教学评价，不能仅仅把教师顺利完成教学任务作为依据，而应以学生的发展为衡量尺度。课堂教学成功的标志在于学生能保持良好的学习状态，能引发学生的深入思考，保持学习的热情，促进学生的主动发展。

2.3 突出特色

由于各院校办学历史不同、情况不一，教学工作评价模式不可能统一。不管采用何种机制与形式，只要管用，能达到促进教学质量不断提高的效果，就是合理的。在建设过程中要敢于创新、勇于创新，注重探索新途径和新方法。同时，也要继承和发扬过去行之有效的传统办法，在继承与创新的互动中持之以恒、长期坚持。构建职业技术教育教学质量监控与评价体系既是一个教学工作的实践问题，也是一个院校管理的理论问题。院校实施教学质量监控，其终极目的是不断提高教学质量并最终实现教育的可持续发展。应当通过规章制度的制定、加强过程监控、完善考试方法及评价模式等，构建多元化评价体系，包括评价过程多元、评价方式多元、考试内容多元、成绩构成多元、考试管理全程监控等全方位和全程性的评价体系。

（资料来源：岳崴，王春健，杨继锋. 浅议职业教育教学质量监控与评价［J］. 价值工程，2017年第17期，有改动）

录入练习完毕后，成绩见表 5-16。

表 5-16　成绩表（十六）

练习次数	输入法	成绩（字/分钟）	正确率
第一次	五笔字形输入法		
第二次	拼音输入法		

（7）小说类文章练习。

教学是一门艺术，不懂得表演的人，是当不好中学教师的。

江老师穿着一身新买的西装，像往常一样心情愉快、精神振奋，希望上好这一堂课，希望课堂上不出现一张无动于衷的面孔，不出现一个不耐烦的眼神，希望学生一节课下来，真能学有所得。

一走进教室，同学们突然"哇"地叫起来，一阵掌声："老师，您的新衣服好衬您啊！""好有型啊，江老师！"老师笑了，这些学生啊！

这节课，老师讲的是《单元知识和训练》中的修改文章一段。

课程进行中。这时，王笑天举手发言。

"老师，我觉得这篇文章修改得并不好。尤其结尾，把那个补鞋人说的那段挺朴实的话。'你们省下钱买几个练习本吧，这也算是我的心愿。'硬改成'你们省下这些钱买几个练习本，多学点知识，将来好好建设四个现代化，这也算是我们的一点心愿！'总让人觉得不实在。"

江老师一愣，下面的同学已经纷纷议论开了。

"哪个补鞋人会这么说话？"

"就是，补鞋人的语言应该朴实点好。"

"选进课本当教材，我看不会有错的。"

"课本太老了，几十年如一日，都是这些内容。"

原计划一节课把这文章上完，看来很难完成了。江老师想了想合上了书本，说："这样吧，这节课同学们自由发言，就谈谈对文学作品的看法。"

老师这样一说，刚刚吵吵嚷嚷的同学反而安静下来，谁也不吭声了。

同学们七手八脚把桌子围成圈之后，面面相觑，都笑了。课代表林晓旭第一个说："那么由我开始吧。我觉得现在作文题出得过于统一了，《难忘的人》《最有意义的一件事》《第一次……》，从小学开始就这么几个题目，翻来覆去的。老师还说，虽然这个题目写过，现在又写，就是看看大家水平是否有所提高。既然是写过的题目，好多同学就没兴趣写第二遍、第三遍了，这还怎么提高？"

林晓旭刚说完，谢欣然便说："我们写这些作文过于模式化了，写一个好朋友，必定是一开始如何好，中间又必定有了矛盾，什么搞坏了他的心爱的东西，他要我赔，什么他的好心我误会，结尾又是他要离开这个地方，送我一样东西什么的。我深深地内疚及想念他；写一件事，比如做什么好事，必定又是'我'一开始如何不想干，这时胸前红领巾迎风飘起，我想到自己是少先队员等，然后我干了这件好事，心情很舒畅。那么如果那天没戴红领巾岂不是就不做这件好事了？我们从小就这样写，尤其是小学，就更千篇一律了。外国学生的作文不一定有什么深度，意义也不一定深刻，但他们写文章很真实，有自己的东西。"

"我们喜欢写点自己的东西。初中有一次，老师叫我们自由作文，结果这次作文质量比哪次都高。"林晓旭又接着说，"要想提高写作水平，不能光靠课堂。"

渐渐地，同学们的话题跳出了课本，谈起了他们感兴趣的作者和作品。

录入练习成绩见表5-17。

表5-17 成绩表（十七）

练习次数	输入法	成绩（字/分钟）	正确率
第一次	五笔字形输入法		
第二次	拼音输入法		

（7）格言类文章练习。

应该记住，我们的事业，需要的是手，而不是嘴。

——童第周

勤奋者废寝忘食，懒惰人总没有时间。

——谚语

奋斗以求改善生活，是可敬的行为。

——茅盾

停止奋斗，生命也就停止了。

——卡莱尔

闲散如酸醋，会软化精神的钙质；勤奋如火酒，能燃烧起智慧的火焰。

——土耳其谚语

埋头苦干是第一，发白才知智叟呆。勤能补拙是良训，一分辛苦一分才。

——华罗庚

我敢做……我是自己的主人。

——吉勒鲁普

千淘万浪虽辛苦，吹尽黄沙始到金。

——刘禹锡

称赞削弱了勤勉。

——塞缪尔·约翰逊

天才与凡人只有一步之隔，这一步就是勤奋。

——佚名

常用的钥匙最光亮。

——英国谚语

"天才就是勤奋"，曾经有人这样说过。如果这话不完全正确，那至少在很大程度上是正确的。

——李卜克内西

无论头上是怎样的天空，我准备承受任何风暴。

——拜伦

旧书不厌百回读，熟读精思子自知。

——苏轼

毅力、勤奋、忘我投身于工作的人。诚实和勤勉，应该成为你永久的伴侣。

——富兰克林

天才就是无止境刻苦勤奋的能力。

——卡莱尔

一个人必须经过一番刻苦奋斗，才会有所成就。

——安徒生

路漫漫其修远兮，吾将上下而求索。

——屈原

手懒的要受贫穷；手勤的，得到富足。

——《圣经》

业精于勤而荒于嬉，行成于思而毁于随。

——韩愈

录入练习成绩见表5-18。

表5-18　成绩表

练习次数	输入法	成绩（字/分钟）	正确率
第一次	五笔字形输入法		
第二次	拼音输入法		

5.3　听打练习

计算机技术的普及和发展，对人类的传统生活、工作方式产生了深刻的影响，对应用人才键盘操作水平能力的要求也不断提高，由"看稿件录入—对稿件排版—打印"向"听说—录入—编排—打印"的方向发展。听打是一种特殊的录入方法，先听音，后按键，属于追打，是被动的录入。只有当录入速度与准确率达到一定的程度，并经过针对性训练，才能边听边进行录入。

1. 听打要求

听打录入就是用耳听、用脑想、用手按键录入文字的过程。

提高中英文听打录入质量的注意事项有以下几点：

（1）在听打过程中，一定要注意力集中，不能急躁；

（2）保证正确的录入姿势和录入指法；

（3）多看书，多了解一些专业词汇，提高录入的正确率；

（4）录入中文时，遇到陌生的字、词可先用同音字代替，后期再进行校对和修改。

2. 听打实训

（1）听打下列词组（教师朗读的语速控制在每分钟50个词左右）。

觉悟　关心　政治　社会　团体　集体　主义　爱国　科技　先进　经济　你们　虽然
工作　号召　生活　锻炼　技能　思想　业务　道德　品质　水平　提高　班组　假期
获得　日期　他们　理想　命令　坚持　宣传　节约　学习　政策　解放　业余　爱好
允许　创造　管理　原则　按照　海洋　联系　位置　规律
共产党　世界观　北京市　高精尖　年轻人　责任田　指挥员　联合国　计算机　打印机
运动员　常委会　记分员　教练员　解放军　太阳能　云南省　电视台　公有制　共和国
机器人　办公室　商品化　编辑部　责任制　私有制　科学家　书法家　增长率　博物馆
班门弄斧　社会主义　五笔字形　改革开放　共产党员　马列主义　成千上万
艰苦奋斗　栩栩如生　格格不入　天方夜谭　深思熟虑　居心叵测　小心翼翼
和风细雨　青黄不接　风吹草动　异曲同工　空前绝后　两全其美　爱国主义
日新月异　因势利导　马克思主义　现代化建设　常务委员会　政治协商会议
全国各族人民　中华人民共和国　全国人民代表大会　中华人民共和国
中央人民广播电台　中国人民解放军

（2）听打文章练习。

要求：文章听打训练时，对于容易出错的形似而义不同、音似而义不同的汉字，必须辨别清楚，以提高录入的正确率，教师朗读的语速在每分钟50个词左右。

百年大计，教育为本。

教育是民族振兴、社会进步的基石，是提高国民素质、促进人的全面发展的根本途径。强国必先强教。优先发展教育、提高教育现代化水平，对全面实现小康社会目标、建设富强民主文明和谐的社会主义现代化国家具有决定性意义。

党和国家历来高度重视教育。全党全社会同心同德，艰苦奋斗，开辟了中国特色社会主义教育发展道路，建成了世界最大规模的教育体系，保障了亿万人民群众受教育的权利。教育投入大幅增长，办学条件显著改善，教育改革逐步深化，办学水平不断提高。进入21世纪，城乡免费义务教育全面实现，职业教育快速发展，高等教育进入大众化阶段，农村教育得到加强，教育公平迈出重大步伐。教育的发展极大地提高了全民族的素质，推进了科技创新、文化繁荣，为经济发展、社会进步和民生改善做出了不可替代的重大贡献。我国实现了从人口大国向人力资源大国的转变。

21世纪是中华民族伟大复兴的世纪。从现在起到2020年，是我国全面建设小康社会、加快推进社会主义现代化的关键时期。世界格局深刻变化，科技进步日新月异，人才竞争日趋激烈。我国经济建设、政治建设、文化建设、社会建设以及生态文明建设全面推进，工业化、信息化、城镇化、市场化、国际化深入发展，人口、资源、环境压力日益加大，调整经济结构、转变发展方式的要求更加迫切。国际金融危机进一步凸显了提高国民素质、培养创新人才的重要性和紧迫性。中国未来发展、中华民族伟大复兴，关键靠人才，根本在教育。

面对前所未有的机遇和挑战，必须清醒认识到，我国教育还不适应国家经济社会发展和人民群众接受良好教育的要求。教育观念相对落后，内容方法比较陈旧，中小学生课业负担过重，素质教育推进困难；创新型、实用型、复合型人才紧缺；教育体制机制不活，学校办学活力不足；教育结构和布局不尽合理，城乡、区域教育发展不平衡，贫困地区、民族地区教育发展滞后；教育投入不足，教育优先发展的战略地位尚未完全落实。接受良好教育成为人民群众强烈期盼，深化教育改革成为全社会共同心声。

国运兴衰，系于教育；教育振兴，全民有责。在党和国家工作全局中，必须始终坚持把教育摆在优先发展的位置。按照面向现代化、面向世界、面向未来的要求，适应全面建设小康社会、建设创新型国家的需要，坚持以育人为根本，以改革创新为动力，以促进公平为重点，以提高质量为核心，全面实施素质教育，推动教育事业在新的历史起点上科学发展，加快从教育大国向教育强国、从人力资源大国向人力资源强国迈进，为中华民族伟大复兴和人类文明进步做出更大贡献。

（资料来源：《国家中长期教育改革和发展规划纲要（意见稿）》，中国新闻网，2010年2月28日，有改动）

（3）听打测试

测试文章1

要求：时间为5分钟，教师朗读的语速控制在每分钟100个字，能把意思写下来为合格。

有人说，世界上所有的告别都是为了下次的相遇，告别时的不舍，相遇时的欢喜。我们会经历很多告别，也会有着多次相遇。不过，在我看来，有一个人告别之后就别再想着相遇，他不会带给你欣喜，那便是曾经的自己。

无论你曾经有过多么辉煌的历史，或有过多么难忘的经历，都不必再回头看了，除了你，没人会在乎你的曾经！

过去的你不会让现在的你满意，未来的你也一定不会对现在的你满意。许多年以后，翻一翻过往，挥洒过多少为梦努力的汗水，又有着多少为梦拼搏的痕迹。所以，为了让未来的自己肯定现在的自己，为了让现在的自己不虚度青春，唯有努力实现梦想。

梦想是一个天真的词，实现梦想是一个残酷的词。过去的辉煌也好，低谷也罢。若沉溺其中，便会被其击垮，再也不会为梦拼搏，再也没有什么初心。别说什么你不知道什么是年少轻狂，你只知道什么是胜者为王这种多年以后让自己都觉得可笑的话。现在，对你而言，坚守初心，努力实现梦想才是最现实的。

人的眼睛长在前面，是为了使人们向前看。消逝的过去，消逝的人和事，只有梦想还停留在原地。其实你比谁都明白你想要什么，但谁都比你清楚你在干什么。迷途知返也是一种选择，愿你重背行囊，踏上征途，不受束缚，做最好的自己。

向过去挥手告别，为梦想竭尽全力。

测试文章2

要求：时间为15分钟，教师朗读的语速控制在每分钟100个字，能把意思写下来为合格。

年底的时候，是很多职场人士更加繁忙的时刻，一年的工作该总结了，工作的绩效是考核的时候了，工作资料是该整理的阶段了。虽然大家都很忙，但慢慢地会发现一个有趣的现象，忙的人永远是忙的人，而清闲的人好像也永远是清闲的人。

我们在学校的时候就知道，虽然是同一个老师教的内容，但同一个班级的同学会有成绩好的也有成绩差的。这和职场是一致的，我们也必须承认每个人的工作能力有高低大小之分。最近听到一个关于为什么同一个老师教的学生会有成绩好坏之分的解释：老师是一直以4G的速度在课堂上讲课，成绩优秀的同学是以4G的速度在接收，有些同学是以WiFi的速度在接收，成绩中等的同学可能是以3G、2G的速度在接收，而成绩靠后的同学可能属于忘记打开数据流量，成绩不稳定的同学可能属于是那种经常掉线的，而成绩最差的那些同学则可能一直就没有开机。

回归职场，年底的时候，很多企业、部门等都很忙，在办公室里大家都干得热火朝天，似乎都没有半点的空闲时间。但深入繁忙的背后，就会发现，忙只是一个表象，做事不光要有过程，更重要的是结果。这就取决于工作的效率问题。

H有一份稳定的工作，与所有职场人士一样，年底的时候都是大家最繁忙的时候，而她所在的部门不仅承担本职业务工作还需要承担很多协调性的工作。大家都知道，在互联网社会的当下，个人单打独斗很难再成就一番作为，更多地需要团队协作。而对身处在稳定岗位的很多职场人士来说，团队协作既是简单的，又是复杂的，这取决于相关各方的责任心、配合默契感。在H需要整个部门的相关工作支持时，在具体开展工作之前，就与相关各部门沟通协调需要提供哪些帮助。在一个月后，H所在部门真正开始相关工作时，除少数部门主动提供相关协作外，大部分部门并无相关动作。实在没办法，H只得挨个部门再次要求提供相应帮助，当然各部门也都提供了相应的帮助。但同一件事情再次通知，也就意味着一个月之前做的各项工作是无用功，效率就这样降低下来。本来的流程应该是，通知—协助—完成；而实际的流程是，通知—等待—再通知—协助—完成。理论上，多部门联合的事，牵头部门主导，配合部门参与；而实际上，多部门联合的事＝牵头部门的事。

很多单位都有所谓的中坚力量，他们是单位里承担具体事务最多的人，也是在执行层面最繁忙的一批人。工作任务在分工之初，是在各成员之间比较平均分配的，但总有一批人能够圆满完成上级布置的任务，总有一批人能够把事情搞砸。在团队领导层面，领导者就更加愿意把一些核心、重要的工作交给执行力强、圆满完成工作的人来干，他们就是所谓的中坚力量。慢慢地就会出现一种现象，中坚力量受领的工作任务越来越多，难度越来越大。而那批搞砸工作的人越来越清闲，无事可做，整天做一些和工作不相关的事情。在企业，就会主动裁员，造成员工流动，以保持整个企业的活力。而在某些所谓稳定的行业，因为人员无法流动，就会造成中坚力量越来越繁忙，而部分人则越来越闲。

人才的金字塔也就在职场中慢慢形成，也许你会发现大学毕业后能力相当的同学之间，在入职五年后就会发生惊人的变化，一部分成为中坚力量，在随后的沉淀中慢慢步入人才精英阶层这个层面，而另一部分可能会慢慢步入社会下层。在经历社会的剧烈变革时，精英阶层始终能够获得更多的社会资源，取得更大的成功，而某些不思进取的职场人士慢慢成为被救济人群。

6

其他常用输入方法简介

■ 中文速录

■ 手写输入方法

■ 语音录入文字

> **学习目标:**
>
> ➡ 知识目标：1. 了解中文速录应用及亚伟中文速录机的原理。
>
> 　　　　　　2. 了解手写输入设置。
>
> 　　　　　　3. 了解语音录入文字。
>
> ➡ 能力目标：1. 学会使用手写输入文字。
>
> 　　　　　　2. 学会使用语言录入文字。
>
> ➡ 素养目标：1. 具有较强的软件操作能力。
>
> 　　　　　　2. 具有科技强国的志向。

随着电子计算机技术的发展，打字已经由单一的机械式的文字录入，演变成为集文字录入、编辑、存储、打印为一体的电子处理方式。这种由电子计算机对文字进行处理的方式，能迅速记录实时语音信息，其记录速度能达到甚至超过人们日常演讲、辩论所输出的信息量，可实现"音落字现、话毕稿出"的记录效果。

6.1　中文速录

1. 中文速录的应用场景

当录入速度要达到甚至超过人们日常演讲、辩论所输出的信息量，可实现"音落字现、话毕稿出"的记录效果时，要使用速录技术。速录技术被广泛应用于庭审、谈判、采访、会议等活动的实时记录。

2. 速录职业标准

速录师按照《速录师国家职业标准》，速录师分为三个等级，即速录员、速录师、高级速录师。速录员对语音信息的采集速度是每分钟不低于 140 字；速录师每分钟不低于 180 字；高级速录师则要求每分钟不低于 220 字，三个等级的准确率都必须达到 95% 以上。

3. 亚伟中文速录机

（1）亚伟中文速录机简介。

它是通过专用键盘，专用编码以及计算机实现高速记录语言的专用设备。它是由我国著名的速记专家唐亚伟教授发明的，通过双手的多指并击键盘来完成，可以同时打出 7 个字，和人的说话是同步进行的，做到话音落，文稿出。

（2）亚伟中文速录机特点。

①高速度。亚伟速录机的速度比一般汉字输入成倍地增高。无论是听打还是看打，长时间（两小时以上）的工作速度均可达 200 字/分以上。

②多功能。亚伟速录机既能"听打"，又能"看打"和"想打"，也就是说，既能速记，又能速录。

③高效率。亚伟速录机通过译码和编校系统，可以即打即显，投影屏幕，快速编校，打

印成文。

④新形式。亚伟速录机的机身玲珑,便于携带;键盘小巧,便于操作。

以上特点,体现出亚伟速录机的时代性、先进性、实用性。

(3)亚伟中文速录机的工作原理。

亚伟速录机的基本原理,是运用"多键并击"的高效输入法,在输入速度上取得新的突破。它使用一种专用键盘,这种键盘只有24个键,分为左右两个部分,两边对称,各分3排,上排、中排各有5个键位,下排各有两个键位,左右两手同时操作,多键并击,可以达到既"准"又"快"的目的。

亚伟速录机介绍

6.2 手写输入方法

1. 手写输入法的应用场景

(1)手写输入法可以用作生僻字或者陌生字的输入工具来使用,当遇到生僻字或者陌生字的时候,不知道怎么读,打不出来的时候,就可以用到这个功能了。

(2)对于一些不会使用拼音输入法的来说,这种输入方式和方法很好的解决了拼音法的短板。

2. 手写输入功能的设置

以搜狗输入法为例,在电脑端和手机端对手写功能进行设置。

(1)在电脑端设置手写输入功能。

步骤1:将输入法切换到搜狗输入法,即点击"搜狗输入法",如图6-1所示。

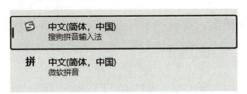

图6-1 搜狗输入法

步骤2:弹出如图6-2所示的悬浮图标,点击该图标中的小键盘图案。

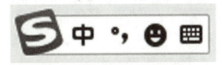

图6-2 搜狗输入法悬浮图标

步骤3:弹出"搜狗工具箱"对话框,单击"手写输入"图标,如图6-3所示。

图6-3 "搜狗工具箱"对话框

步骤4.：弹出手写输入界面，如图6-4所示。

图6-4 手写输入界面

（2）在手机端设置手写输入功能。

步骤1：在输入界面中找到小键盘图案，如图6-5所示。

图6-5 手机端小键盘

步骤2：接下来点击该图案，找到"手写键盘"，如图6-6所示。

图6-6 手机端手写键盘

步骤3.：进行手写输入了，如图6-7所示。

6 其他常用输入方法简介

图 6-7　手机端手写输入

6.3　语音录入文字

1. 手写输入法的应用场景

当不方便手敲键盘或者手写录入时，可以利用语音录入功能进行输入。

2. 语音录入功能的使用

以搜狗输入法为例，在电脑端和手机端对手写功能进行设置。
（1）在电脑端使用语音录入功能。
步骤1：新建记事本并打开，记事本为活动窗口。
步骤2：点击搜狗输入法栏上键盘标志，选择语音输入，如图6-8所示。

图 6-8　语音输入图标

步骤3：选择普通话，调整好麦克风，鼠标单击语音按钮或按键F2，开始语音录入，如图6-9所示。

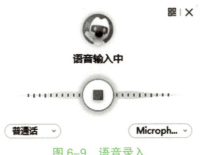

图 6-9　语音录入

步骤4：语音输入准确性已经大幅度提高，普通话发音要求标准，合适的语速。显示如图 6-10 所示。

图 6-10　语音录入信息

参 考 文 献

[1] 卢华东，周海峰. 计算机录入技术［M］. 北京：电子工业出版社，2016.

[2] 赵君，金玮. 计算机录入技术［M］. 北京：清华大学出版社，2016.

[3] 丛春燕. 文字录入项目教程［M］. 北京：机械工业出版社，2021.

[4] 张姚丽. 计算机信息录入与操作实训教程（第二版）［M］. 北京：中国铁道出版社，2016.

[5] 沙申. 计算机文字录入第三版［M］. 上海：华东师范大学出版社，2022.